Gerhard Fatzer / Britta Schönberger

ORGANISATION UND INSPIRATION

EHP – ORGANISATION

Hrsg. von Gerhard Fatzer in Zusammenarbeit mit
Wolfgang Looss, Sonja A. Sackmann, Sabina Schoefer

Die AutorInnen:

Gerhard Fatzer, Dr. phil, leitet seit 1991 das Trias Institut für Coaching und OE und unterrichtet im Rahmen von Gastprofessuren oder Seminaren an der Uni Ljubljana, Bled, ZU, ETH, HSG und in Indien. Zudem hat er Seminare in China, Vietnam, Tunesien und Indien und langjährige Entwicklungsprojekte für GIZ in Afrika durchgeführt. Seit 1987 ist er Gastforscher am M.I.T.

Im Rahmen eines Gastforschungsaufenthalts in den USA arbeitete er 1980 bis 1982 an der UCLA, USC, am M.I.T., Harvard und an der UMass Amherst. Dabei entstand eine langjährige Zusammenarbeit mit vielen Begründern der OE wie Edgar Schein, Warren Bennis, Fred Massarik, Chris Argyris, Ed Nevis, Larry Lippitt und zudem Carl Rogers. Für die Reihe EHP-Organisation wurden viele dieser Autoren ins Deutsche übersetzt.

Im Rahmen der Trias-Konferenzen mit IBM und GDI hat Gerhard Fatzer die Themen »Transformation«, »Führung«, »Inspiration« und »Veränderung« bearbeitet. In der Reihe »Trias in Boston« sind zudem wichtige OE-Protagonisten wie Kathrin Dannemiller, David Kantor, Billie Alban und Barbara Bunker, Bob Putnam, Bill Isaacs, Peter Senge, Otto Scharmer eingeladen worden.

Britta Schönberger, Jg. 1965, lebt in Rafz (ZH) und arbeitet dort als reformierte Pfarrerin. Nach dem Studium der evangelischen Theologie in Deutschland erfolgte eine Weiterbildung zur Tanztherapeutin nach dem Konzept der Gestalttherapie und die Zulassung zur heilkundlichen Psychotherapeutin. Sie war langjährig im pädagogischen und kirchlichen Bereich tätig, in der Familientherapie und als Dozentin für künstlerischen Ausdruckstanz. An der Ev. FH Freiburg erhielt sie einen Masterabschluss für Supervision.

Sabina Schoefer, Dr.; studierte Soziologie sowie Ost- und Westslawistik in Würzburg; 1999 sozialwissenschaftliche Promotion über Organisationsentwicklung; ausgebildete systemische Beraterin, Trainerin und Coach, hat diverse didaktische Modelle der demokratischen Beteiligung in Boston / USA gelernt; sieben Jahre Dozentin und Seminarleiterin in der Erwachsenenbildung und drei Jahre als wissenschaftliche Mitarbeiterin in der »Forschungsinitiative Verbände« der Fernuniversität Hagen; ab 1997 als Unternehmensberaterin in Bremen tätig; von 2006 bis 2011 als Senior Consultant und Director Research in einem internationalen Unternehmen der Privatwirtschaft und dort unter anderem mit der Entwicklung und strategischen Steuerung von Projekten zu Change, Cultural Change und Diversity+Inclusion in Organisationen befasst; seit 2011 Direktorin der Volkshochschule Bremen und seit 2014 Vorsitzende des Vorstands der Bürgerstiftung Bremen; Autoren- und Herausgebertätigkeit.

Gerhard Fatzer / Britta Schönberger

ORGANISATION UND INSPIRATION

Führung für die Zukunft

Mit einem Beitrag von Sabina Schoefer

EHP
– 2015 –

www.ehp-koeln.com

Bibliografische Information der Deutschen Nationalbibliothek
Die Deutsche Nationalbibliothek verzeichnet diese Publikation in der Deutschen Nationalbibliografie; detaillierte bibliografische Daten sind im Internet über http://dnb.d-nb.de abrufbar.

Dieses Buch ist auch als E-Book erhältlich.

Umschlagentwurf: Gerd Struwe / Uwe Giese
– unter Verwendung eines Bildes von Rainer Sturm / pixelio.de:
NYC – Im Chinesenviertel –

Satz: MarktTransparenz Uwe Giese, Berlin

Gedruckt in der EU

ISBN 978-3-89797-070-0 (Print)
ISBN 978-3-89797-586-6 (EPUB)
ISBN 978-3-89797-587-3 (PDF)

Inhalt

Zur Reihe *EHP-Organisation*

Die Reihe stellt wichtige Basistexte zum Bereich der Organisationsentwicklung und des Change Managements sowie neue, grundlegende Texte und Übersetzungen für den deutschsprachigen Leser vor, und leistet damit seit 1988 Pionierarbeit. Dabei werden unterschiedliche Interventionsformen ausführlich dargestellt, um zur Entwicklung einer Beratungswissenschaft jenseits der reinen Technikorientierung beizutragen. Die Reihe widmet sich besonders dem interkulturellen Austausch zwischen Europa, Amerika und anderen Kulturräumen.

EHP-Organisation stellt sowohl Diskussionsgrundlagen und Denkfiguren im Bereich der OE für das 3. Jahrtausend als auch historische Grundlagen der OE in ihrer Aktualität bereit. Anliegen war es stets, eine Reihe mit sorgfältig ausgewählten Titeln zu entwickeln, inspiriert durch amerikanischen Kollegen und die langjährigen Wegbegleiter Chris Argyris († 2014), Edgar H. Schein, Fred Massarik († 2009), Ed Nevis († 2006) (mit Nevis' *Organisationsberatung* startete die Reihe), Warren Bennis und die Kollegen um Peter Senge am M.I.T. und Claus Otto Scharmer, aus deren Kreis sich auch die Consulting Editors von *EHP-Organisation* rekrutieren.

Der verantwortliche Herausgeber der Reihe stellte mit *Supervision und Beratung* die Grundlagen von Supervision und Organisationsberatung umfassend dar – mit seinen zahlreichen Auflagen ist es bis heute eines der erfolgreichsten Handbücher des Feldes. Ergänzend dazu erschien *Gute Beratung von Organisationen – Supervision und Beratung 2.*

Die *Trias-Kompasse* bilden Trends und Diskussionslinien ab und ermöglichen eine Orientierung im Feld der Organisationen und unterschiedlicher Beratungsformen (Bd. 1: *Erfolgsfaktoren von Veränderungsprozessen*, Bd. 2: *Schulentwicklung als Organisationsentwicklung*, Bd. 3: *Nachhaltige Transformation in Organisationen*).

Organisationsentwicklung für die Zukunft, widmet sich ausführlich den Grundlagen der lernenden Organisation von Peter Senge u. a. und machte sie – wie ebenfalls die Arbeiten von Chris Argyris zur »eingeübten Inkompetenz« und zu »defensiven Routinen« – zum ersten Mal im deutschen Sprachraum bekannt. Außerdem liegt eine Neuauflage eines Standardwerks zur Lernenden Organisation und zur Schulentwicklung vor (Gerhard Fatzer: *Ganzheitliches Lernen*).

Neben internationalen Autoren publizieren wichtige deutschsprachige Autorinnen und Autoren in der Reihe wie zum Beispiel eine Autorengruppe um die VW-Coaching-Abteilung (*Der Beginn von Coachingprozessen*): Billmeier, Kaul, Kramer, Krapoth, Lauterbach und Rappe-Giesecke. Wolfgang Looss hinterfragte als erster kritisch den Coaching-Begriff, als der große Hype um den Begriff im deutschsprachigen Raum noch gar nicht gestartet war: Zusammen mit Kornelia Rappe-Giesecke und Gerhard Fatzer untersuchte Looss in dem Band *Qualität und Leistung von Beratung* die drei Beratungsmethoden Supervision, Organisationsentwicklung und Coaching. Looss' Klassiker *Unter vier Augen: Coaching für Manager* ist bis heute eines der wichtigsten Bücher zum Thema geblieben.

Die Reihe orientiert sich nicht an Trends, und dort, wo die Professional Community der Berater, Coaches und Supervisoren ihre eigenen Grundlagen und Methoden nicht ausreichend berücksichtigt, ist es Ziel von *EHP-Organisation*, Einbahnstraßen der Wahrnehmung und kulturelle Ignoranz zu unterlaufen. Es kommen die Autorinnen und Autoren zu Wort, die diesen interkulturellen Dialog praktizieren und konzeptionell untermauern. So wird mit dem Band von Fatzer / Jansen (*Die Gruppe als Methode*) die oft ignorierte Kenntnis gruppendynamischer Grundlagen für die Entwicklung von Gruppen, Teams und Organisationen wieder zugänglich gemacht. Ein weiteres Beispiel ist die Monographie von Albert Koopman (*Transcultural Management*), die als erste ein erfolgreiches interkulturelles OE-Projekt dokumentierte und daraus ein breit anwendbares Modell der interkulturellen Beratung entwickelte. Das Buch von Barbara Heimannsberg und Christoph Schmidt-Lellek (*Interkulturelle Beratung und Mediation*) wendet die Grundlagen der Mediation auf den interkulturellen Bereich und auf die Organisationsentwicklung an. Zuletzt erschien dazu ein Buch, das dem Lebenswerk von Burkard Sievers gewidmet ist: Ahlers-Niemann / Beumer / Redding Mersky / Sievers: *Organisationslandschaften* mit einer weitgefächerten internationalen und multiprofessionellen Perspektive auf die destruktiven Prozesse in Organisationen. Arndt Ahlers-Niemann hat zusammen mit Edeltrud Freitag-Becker einen Band zu

Netzwerken in die Reihe eingebracht, der ein breites Spektrum an Themen erschließt (*Netzwerke – Begegnungen auf Zeit. Zwischen Uns und Ich*).

Eine der wichtigen Interventionsformen, die *EHP-Organisation* (wie übrigens auch andere Veröffentlichungen im selben Verlag) besonders berücksichtigt, ist ›Dialog‹ als Methode: William Isaacs (*Dialog als Kunst gemeinsam zu denken*) und der Band von Christoph Mandl, Markus Hauser und Hanna Mandl (*Die schöpferische Besprechung*) haben hier im deutschsprachigen Raum Qualitätsstandards gesetzt. Die Autoren sind gleichzeitig Beiträger der Zeitschrift *Profile. Internationale Zeitschrift für Veränderung, Lernen, Dialog / International Journal for Change, Learning, Dialogue*, die mit ihrem Anliegen, das Verständnis von Menschen, Teams und Organisationen zu fördern, die Reihe *EHP-Organisation* ergänzt.

Die Arbeit von Ed Schein stand von Anfang an im Zentrum des publizistischen Auftrags von *EHP-Organisation*. Zahlreiche seiner Aufsätze erschienen früh in den Sammelbänden der Reihe, und hier liegen seine Grundlagentexte in Übersetzungen vor. Sein Klassiker *Prozessberatung für die Organisation der Zukunft* ist einer der erfolgreichsten Bände der Reihe. Der Referenzcharakter von Scheins Büchern wird auch im provozierenden Buch *Organisationskultur* (*›The Ed Schein Corporate Culture Survival Guide‹*) unter Beweis gestellt. Seine Fähigkeit, auf lesbare Art komplexe Organisationszusammenhänge zu vermitteln, macht die Lerngeschichte von Digital Equipment Corporation auch zu einem Lektüregenuss (*Aufstieg und Fall von Digital Equipment Corporation. DEC ist tot, lang lebe DEC*) – die wahrscheinlich einzige Dokumentation des Beratungsprozesses eines Unternehmens über dessen gesamte Lebenszeit. Scheins *Führung und Veränderungsmanagement* fasst zum ersten Mal seine Gedanken zu Führung in Unternehmen zusammen und wird durch eine Video-DVD mit einer Rede von Schein ergänzt. Als jüngster Titel unserer Reihe mit Titeln von Schein erschien *Prozess und Philosophie des Helfens*, das ausführlich eine der Grundkompetenzen von Managern und Beratern vorstellt. Die neuesten Bände unserer Reihe waren der an Schein anknüpfende Band *Prozesspsychologie* von Heidig, Kleinert, Dralle und Vogt, der einen Ansatz vorstellt, mit dem Unternehmen in entscheidenden Phasen von Veränderung begleitet werden, *Non-Profit-Organisationen in die Zukunft entwickeln* von Barbara Heimannsberg, Heribert Namokel und Heike Fischer mit der

Darstellung unterschiedlich erfolgreicher Entwicklungsprozesse und Christof Schnecks *Management-Coaching X.0,* der narzisstische Phänomene im Management darstellt.

Der vorliegende Band macht erstmalig den Versuch, Transformation und Führung sowie den Begriff der Inspiration für Management, Organisations- und Personalentwicklung auf dem Hintergrund westlicher Theologie zusammenzudenken. Ausgehend von der momentan populären Theorie U von Claus Otto Scharmer, die grundlegend von Ansätzen des Buddhismus, also östlichen Denkmodellen, ausgeht, erschließen wir das Thema Inspiration für Führung und Transformation unter Rückgriff auf westliche Ansätze (z. B. Altes und Neues Testament).

Dabei zeigen wir, dass Führung ein immer komplexeres Phänomen wird, das auch über die Person des Führenden hinausgedacht werden muss, nämlich im Kontext von Teamführung als Systemsteuerung und Beziehungsaufbau im Team statt Einzelleistung.

Dabei werden auch die in der Führung üblichen Heldengeschichten und damit verbundenen Annahmen aufgezeigt. Das Ganze wird in exemplarischen Heldengeschichten illustriert. Den Abschluss macht eine organische Ergänzung der Theorie U im Kontext von Zukunftsfähigkeit, nämlich der Ansatz des »Preferred Futuring« von Larry Lippitt.

Allgemeiner Bezugsrahmen sind die Organisationsentwicklungsansätze von Edgar H. Schein, nämlich Helfen, Prozessberatung, Gutes Befragen und Kulturentwicklung, die in langjähriger Zusammenarbeit entstanden sind.

Herausgeber, Autoren und Verlag sind neugierig auf die Rückmeldungen unserer Leser auf diesen Band wie auf die gesamte Reihe, die wir als Möglichkeit zum Dialog innerhalb der globalen Professional Community verstehen.

Gerhard Fatzer

Einleitung

Gerhard Fatzer

Wenn Inspiration auf Organisation trifft, wird Kreativität konkret.

Zum Titel der Einleitung wurde ich durch Britta Schönberger in einem unserer zahlreichen Dialoge inspiriert.

Wie entstand die Idee zu diesem Buch?

Ich hatte mich schon seit über 30 Jahren im Rahmen der Profession als Organisationsentwickler mit den Themen »Veränderung«, »Transformation« und »Führung« oder »Nachhaltigkeit« beschäftigt. Als Herausgeber vieler Standardwerke zu Beratung und Organisationsentwicklung, als Ausbildungsleiter von Lehrgängen und eines eigenen Instituts, als Gastprofessor an vielen Universitäten, als Coach und Berater von Firmen und Führungskräften. Organisationsentwicklung als Wissenschaft, Technologie und Philosophie stellt die Methodik und das Know How für Veränderungsprozesse zur Verfügung, ob dies eine Person, eine Gruppe oder eine ganze Organisation betrifft. Was der OE häufig fehlt, ist die Inspiration. Das Gleiche gilt für Führungskräfte.

Britta Schönberger hatte sich schon seit langer Zeit mit Geschichten, Gleichnissen oder Gedichten beschäftigt, die die spirituelle Welt ihrer Profession, der Theologie, zur Verfügung stellt. Es gibt dazu reichhaltige Quellen. Womit dieses Wissensgebiet sich intensiv beschäftigt, ist Inspiration. Was wieder auflebt, sind die rituellen, traditionellen christlichen Übungen, um Inspiration vorzubereiten. Auch die Kirche als jahrhundertealte weltweite Institution muss sich darum bemühen, inmitten der Tradition und ihren festen Formen Räume für die unverfügbare Inspiration offen zu halten.

Als wir im Rahmen einer Seminarwoche »Transformation und Führung« die Transformationsgeschichte der Theorie U von Claus Otto Scharmer als Grundfolie aus der OE nutzten, wurde klar, dass die OE diesen methodischen Rahmen schon gelegt hatte.

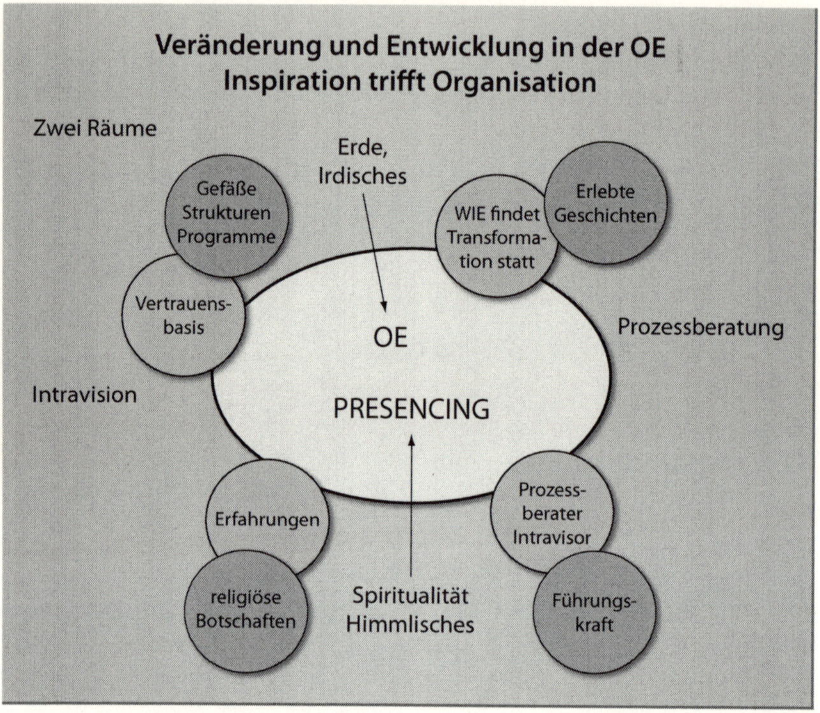

Der spirituelle Rahmen als mentales Modell von Veränderung bildet in seiner Erzählform diesen Prozess anschaulich ab. Es gibt gleichnisartige Transformationsgeschichten in vielfältiger Form. Beispiele dazu sind im Mittelteil kurz geschildert und paraphrasiert. So ist die Frage zu Theorie U und Transformation generell entstanden:

Wenn Presencing oder der Prozess der Umstülpung (sich und seine Seele auf den Kopf stellen) der anspruchvollste Schritt ist, begleitet durch Angst und Widerstand, braucht es dazu ermutigende Heldengeschichten. Können diese Heldengeschichten eine Vorlage sein, um erfolgreiches Presencing zu vollbringen?

Kann man Transformationsfähigkeit als Kernkompetenz einer Führungskraft lernen und üben?

Aus diesem Zusammenführen von OE und spirituellen Heldengeschichten ist die Erkenntnis entstanden, dass einzelne Geschichten auf Gefahren oder erfolgsversprechende Haltungen hinweisen.

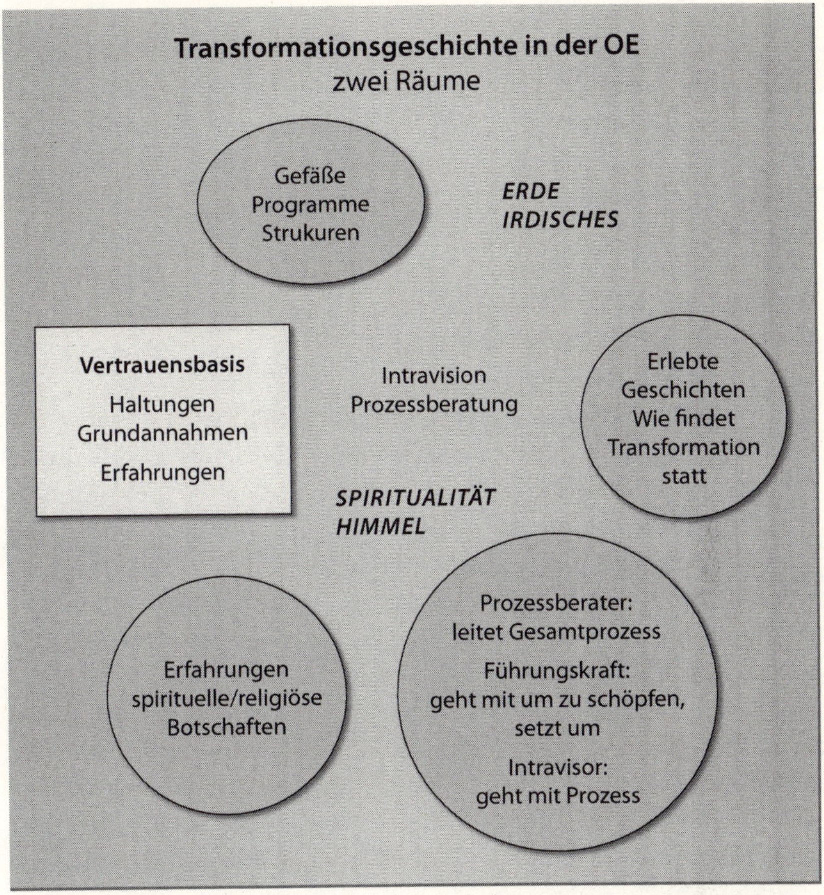

Wenn wir dies in einer Landkarte darstellen, treffen sich hier zwei Räume der Transformation, nämlich Organisation (OE) und Inspiration (erlebte Transformationsgeschichten und Spiritualität). Dies haben wir in der nachfolgenden Abbildung veranschaulicht.

Den Lesern und Kunden soll eine verlässliche und verständliche Grundinformation gegeben werden, wie sie Veränderungsprozesse im persönlichen oder im organisationalen Bereich angehen können.

Dies schließt auch an die Grundfrage unseres Kollegen Peter Senge vom M.I.T. an: Können Organisationen oder Systeme lernen oder sind es immer nur Führungskräfte oder Gruppen, die lernen, und Systeme sind eigentlich lernunfähig? Vielleicht ist es so, wie Ed Schein in einem Interview zur »lernenden Organisation« erzählt hat (siehe *Profile* 8, Fatzer 2008). »Es waren in den Projekten zur lernenden Organisation immer Menschen oder Gruppen, die lernten, nie die Systeme. Im Gegenteil: Bei Ford Corporation wurde der Teil, welcher als Projekt mit uns am M.I.T. zusammenarbeitete, vom System abgestoßen.«

BP oder das größte Umweltdesaster der USA: Transformation und Krise als Sintflut

Im Frühling 2010 erlebten wir mit der Explosion der Plattform »Deepwater Horizon« die größte Umweltkatastrophe der USA im Golf von Mexiko. BP oder British Petroleum betrieb eine von Tausenden von Ölbohrplattformen und -türmen, welche aus der Tiefe von 1.600 Metern Öl aus dem Meeresboden pumpen. Diese explodierte, und es kam die übliche Art des Umgangs mit Katastrophen in Gang.

Eine ganze Armada von Schiffen der BP wurde dorthin geschickt mit dem Auftrag, Kriseninterventionen anzuwenden. Jedermann in der Welt und speziell die betroffenen Bewohner der Anrainerstaaten gingen davon aus, dass BP wüsste, was zu tun sei. Am Anfang wurde primär mit Meldungen operiert, man habe alles im Griff. Wertvolle Tage verstrichen, und BP stellte einen Trichter her, der über das sprudelnde Bohrloch gestülpt werden sollte. Es zeigte sich allerdings, dass in dieser Tiefe die Mischung aus Wasser und Oel das Bohrloch verstopfte (wegen der niedrigen Temperatur). So musste man diesen Lösungsansatz aufgeben. In der Zwischenzeit wurde mit dem massiven Einsatz von Chemikalien versucht, das ausgetretene Öl aufzulösen. Wie man jetzt weiß, bildeten sich einige hundert Meter unter dem Meeresspiegel große Filme oder Vorhänge, die immer noch im Golf von Mexiko großflächig vorhanden sind. In der Zwischenzeit versuchten Forscher herauszufinden, ob dies einen Einfluss auf die Meerestiere haben könnte. Niemand kann es sagen.

Der CEO von BP, ein Techniker, versuchte in einer eher hilflosen Aktion, mit ersten Rettungskonstruktionen das Leck abzudichten. Allerdings traten dabei unvorhergesehene Nebeneffekte auf, z. B. dass die

Mischung aus Öl und Wasser mit einer Eisschicht umgeben wurde. Im Sinne der Systemarchetypen (Meadows 2010, Senge 1990, Forrester 1961) deutet dies auf den Systemtyp »Fixes that fail« hin (Problemlösungen, die fehlschlagen). Wie öfter in der Expertenberatung geschehen, kreiert ein Lösungsvorschlag das nächste Problem.

Dann wurde vom amerikanischen Publikum gefordert, dass dieser Konzernchef mindestens durch seine Präsenz eine Art von Hoffnung verbreiten solle. Da dies nicht geschah, trat Präsident Obama auf und wies darauf hin, dass er als Politiker von den technischen Details eines Rettungsplanes nichts verstehen könne, dass er sich hier aber voll auf die technische Expertise der BP-Fachleute verlassen müsse. Als dieser Wunsch nicht in Erfüllung ging, begann Obama sich in sehr pragmatischer Art in die operativen Geschäfte von BP einzumischen. Zuerst einmal hob er hervor, dass es sich um ein britisches Unternehmen handele und dass man den Führungskräften doch gerne mal »einen Tritt in den Hintern« geben solle. Systemisch gesehen handelt es sich hier um das Systemverhalten »Shifting the burden«, das zum Ziel hat, Schuldige zu suchen.

Als dann der britische Premier sich einmischte und sich verbat, dass das wichtigste britische Unternehmen in den Dreck gezogen werde, wurde wieder nach gemeinsamen Lösungen gesucht. Zudem begannen die amerikanischen Aktionäre zu realisieren, dass sie ja über Aktien mit dem Schicksal von BP verbunden waren. Entsprechend würde ihre Altersvorsorge verloren gehen. So realisierte man gemeinsam, dass man im gleichen Boot sitzt (systemisch: »Tragedy of the Commons«), dass also dieses hektische Suchen nach Schuldigen nichts bringen würde.

Der Britische Konzernchef wurde in der Folge geopfert und durch einen amerikanischen ersetzt, der besser mit den betroffenen Amerikanern kommunizieren konnte. Das Problem wurde schließlich nach vielen Fehlversuchen und nach drei Monaten durch die vollständige Versiegelung des Bohrlochs gelöst, so dass kein Öl mehr austreten konnte. Vieles von den gigantischen Ölmengen im Wasser hatte sich »wundersam« aufgelöst und mit Wasser vermischt, so dass lediglich ein großer und langer Ölteppich unter der Oberfläche trieb. BP wurde gezwungen, einen riesigen Schadenfonds zu eröffnen und große Teile seiner wertvollen Ölfelder zu verkaufen. Obama erklärte dann die Katastrophe offiziell für beendet.

Die bleibenden Folgen der Ölauflösung mittels Chemie sind noch unbekannt, auch kennt man die Auswirkungen auf die Fische und die Pflanzenwelt nicht. Es besteht die Gefahr, dass aus der Krise »nichts gelernt« wurde und dass die nächste genauso unprofessionell angegangen wird.

Hierzu ein paar Zitate aus Ed Scheins Autobiographie (*Right Time, Right Place*, 2012, unveröff.)

> »As Perrow pointed out a long time ago, as technologies become more complex there will occur interactions between processes that are safe under some conditions and not others.« (p. 295)

> »On the day that the BP platform in the Gulf of Mexico was failing to cap the undersea well for various technical reasons, OSHA awards were being given to some employees!!! BP has had an exemplary record in the personal safety area, measured by OSHA statistics, and yet had major accidents in Texas City and in the Gulf because of process failures that were not foreseen.
>
> So the CEO of the site that has nuclear plants, and indeed the CEO of BP and other companies in high hazard complex industries, must also have a chief technology officer (CTO) whose job it is to make clear what the risks are of compromising on standards or not monitoring practical drift.« (ibid.)

> »When an open discussion finally occurs between the employees, the engineers and the executives they discover that the conditions for safety are also the conditions for longer-range organizational health, productivity and growth. Open communications based on psychological safety and trust are the rock bottom conditions for effective operations. When safety is compromised, so is the organization's basic operation. The very conditions for effectiveness that go back to McGregor, Lewin, Drucker and most other management thinkers have been reaffirmed in the search for safety. The ultimate irony may turn out to be that concern for safety will make us pay more attention to productivity factors than concern for productivity ever did.« (p. 298)

Die Führungsaufgabe ist eng verbunden mit der Fähigkeit zur Veränderung und Transformation. *Was* weit verbreitet bei Führungskräften und Transformationsprozessen *fehlt, ist die Inspiration.* Wir zeigen auf, dass neue Entwicklungen in Organisationen und in der Gesellschaft weltweit im Gange sind, welche Inspiration erfordern.

Führung wird neu umschrieben mit Wahrnehmungsfähigkeit von zukünftigen Möglichkeiten. Organisationen selbst sollten Orte werden, wo Inspiration möglich ist und wo zukünftige Lösungen nicht nur aus der Vergangenheit entwickelt werden.

> »Spiritualität kann als Quelle von Kreativität beschrieben werden. Damit unterscheidet sich Spiritualität von Religion, indem sie eine Erfahrung und nicht ein Glaubenssystem ist.« (Scharmer, 102)

Lassen Sie uns an dieser Stelle zu einer Inspirationsquelle greifen, die auf den ersten Blick von einer ganz anderen Quelle herzukommen scheint: der Sintflut. Sprache und Duktus der Geschichte sollten Sie dabei nicht irritieren. Wenn wir die Katastrophen-Geschichte von BP mit der Transformationsgeschichte der »Sintflut« vergleichen, so lassen sich möglicherweise Inspirationen finden, wie man die Krise hätte angehen können. Jede Transformationsgeschichte enthält ja eine Schlussfolgerung oder Meta-Geschichte. Oft ist dies eine Weisheit, wie man hätte mit der Situation umgehen können.

Die Geschichte von der Sintflut spielte sich folgendermaßen ab oder wird so dargestellt:

Transformationsgeschichte

»Die Sintflut
Genesis 6,5-8,22

Gott bereut, dass er die Menschen gemacht hat, als er sieht, dass ihre Bosheit groß ist auf Erden. Er beschließt sie zu vertilgen, zusammen mit den Tieren. Erschaffen und Vernichten sind die beiden extremen Möglichkeiten Gottes, das ist, was er vollzieht. Er hält inne durch die Frömmigkeit des Noah. Gott will alles verderben, was den Odem des Lebens hat (Gen.

6,17), es soll untergehen. Aber mit Noah will Gott einen Bund schließen und ihn und seine Familie retten, zusammen mit jeweils einem Paar jeder Tiersorte. (Gen. 6,18–19).

Gott öffnet seinen Blick für die Frömmigkeit des Noah und bestätigt in seinem Empfinden dessen Lebensrecht. Alles, was voller Frevel ist, soll dagegen untergehen. Gott trennt sich von dem, was sich von ihm getrennt hat, und lässt es los. Selbst Gott kann den nicht halten, der sich von ihm entfernt, er kann aber seine Lebenskraft und seinen Lebensraum von ihm zurückziehen. Hier versenkt er einfach die Erde im Wasser, so dass alles ertrinkt, was nicht mehr im Einklang mit ihm wandelte. Es gibt noch eine Vorbereitungszeit von sieben Tagen, bevor es 40 Tage und Nächte regnen wird. (Gen. 7,4)

Gott selbst begibt sich in den Transformationsprozess. Er lässt das, was nicht mehr mit ihm in Kontakt ist, untergehen. Seine Phase 4 = Anwesend sein hat er für 40 Tage angesetzt. Das ist die Zeit, die Jesus später in der Wüste sein wird, bevor der Satan ihn versucht. Anscheinend sind 40 Tage die Zeit, die Gott braucht, um sich neu zu erschaffen.

Die Wasser steigen, so dass selbst die hohen Berge versinken und alles, was Odem des Lebens hatte auf dem Trockenen, das starb. (Gen. 7,22) Nur Noah, seine Frau, ihre drei Söhne mit den Frauen und die ausgewählten Tiere in der Arche überleben.

150 Tage bleiben die Wasser auf Erden, dann verlaufen sie wieder. Es braucht noch weitere Zeit, bis die Erde wieder ganz trocken ist und die Lebewesen die Arche wieder verlassen können. Es zeigt sich also erst allmählich ein neuer Lebensraum, der sich wieder zu Land verdichtet (Phase 5). Gott gibt den Überlebenden den Auftrag, fruchtbar zu sein und sich zu mehren. (Gen 8,17) Sie sind die Ausgangswesen, durch die neues Leben die Räume füllen soll. Sie sind die experimentelle Grundlage (Phase 6), nach der die Belebung der Erde wieder umgesetzt werden soll (Phase 7).

Noah baut einen Altar und opfert Gott zum Dank. Gott spricht in seinem Herzen: »Ich will hinfort nicht mehr die Erde verfluchen um der Menschen willen; denn das Dichten und Trachten des menschlichen Herzens ist böse von Jugend auf. Und ich will hinfort nicht mehr schlagen alles, was da lebt, wie ich getan habe.« (Gen 8,21) Gott selbst will die Vernichtung des Lebens nicht mehr wiederholen. Selbst angesichts der

Bosheit der Menschen, will er auf diese Möglichkeit nicht mehr zurück greifen.

Gott, der Gerechte, ist transformiert zu Gott, dem Liebenden. Er verpflichtet sich selbst durch den Bund mit Noah, seinem Impuls der Auslöschung von Leben zu widerstehen und den Lebensraum in seinen rhythmischen Ordnungen bestehen zu lassen.

Noah ist der Mann, der mit Gott wandelt (Gen 6,9). Er begleitet den Transformationsprozess Gottes wie ein Supervisor. Mit ihm schließt Gott den Vertrag, den Zerstörungsimpulsen nicht mehr zu folgen. Als sichtbares Zeichen setzt er den Regenbogen in die Wolken. (Gen 9,11-17)« (s.u. S. 98)

Es sind offensichtliche Parallelen vorhanden. Und das Lernen aus der Geschichte könnte folgendermaßen aussehen:

1. Die Ölflut soll der Menschheit zeigen, dass der Umgang mit dieser Ressource nicht in ihren Händen liegt.

2. Das endlose Ansteigen des Oil Spills zeigt den Menschen auf, dass sie gegenüber Naturressourcen machtlos sind.

   Die Art der gottähnlichen Führung, welche Obama für sich reklamiert, kann nicht erfolgreich sein. Sie rüttelt nicht an den Grundannahmen. Er lässt sich zu sehr verstricken in der operativen Ebene. Dadurch wird er wirkungslos.

3. Eine höhere Macht erbarmt sich schließlich und schickt Rahmenbedingungen, welche auf natürlichem Weg bei der Lösung helfen. Wirklich Analysen bleiben aus. Dadurch ist auch der Lerneffekt nicht sehr nachhaltig. Man denkt, man hätte diese Krise noch einmal glimpflich hinter sich gebracht.

4. Es fehlt eine Figur wie Noah, der als Supervisor amten könnte. Obama, der diese Rolle potenziell einnehmen könnte, verstrickt sich im operativen Geschäft. Es zeigt sich auch, dass er nicht wirklich über die Kompetenzen spiritueller Führung verfügt.

5. Die schöpferische Instanz erbarmt sich der Menschheit im Golf von Mexiko und stoppt das Desaster selbsttätig.

Es wären also:

1. Das Abstimmen von Sicherheitsprozessen und »practical drift«, also eingeschliffenen Gewohnheiten.
2. Abstimmen von Sicherheitsbestimmungen mit Aspekten der Organisationsgesundheit. Offene Kommunikation basierend auf psychologischer Sicherheit und Vertrauen.
3. Die Einführung und Durchsetzung von Sicherheitsstandards.

Der Aspekt der Kommunikation wurde dadurch verbessert, dass der Britische CEO ersetzt wurde durch einen amerikanischen, der dann diese schwierigen Verhandlungen in Angriff nahm und dadurch mehr Akzeptanz erreichte.

Fehlerhaft war in der Handhabung des BP-Desasters sicher auch der Einfluss von Präsident Obama, der in populistischer Manier das nationale und das Qualitätsbewusstsein der Briten attackierte, indem er vorgab, dies wäre einer amerikanischen Firma wie Exxon kaum passiert. Die katastrophale und jämmerliche Handhabung des Wirbelsturms Kathrina durch den texanischen Cowboy-Präsidenten Bush zeigte das glatte Gegenteil.

Zum offiziellen Untersuchungsbericht (Wikipedia):

In January 2011 the White House oil spill commission released its final report on the causes of the oil spill. They blamed BP and its partners for making a series of cost-cutting decisions and the lack of a system to ensure well safety. They also concluded that the spill was not an isolated incident caused by »rogue industry or government officials«, but that »The root causes are systemic and, absent significant reform in both industry practices and government policies, might well recur«. After its own internal probe, BP admitted that it made mistakes which led to the Gulf of Mexico oil spill.

Aus aktuellem Anlass können wir diese sinnbildliche Geschichte durch ein zweites Beispiel ergänzen.

Fukushima und Japan: Wie ein Tsunami und eine atomare Katastrophe die Welt verändern

Im März 2011 erschütterte ein Erdbeben mit dem nie vorher erreichten Ausmaß von 9.0 auf der Richterskala den japanischen Graben vor Tokio. Den Tsunami mit Flutwellen von 23 Metern Höhe und einer Geschwindigkeit von 800 Kilometern pro Stunde zeigte der Fernsehsender CNN »fast in einer Live-Aufnahme« als Videos von Zeugen, die sichtbar machten, dass die Wassermassen nicht nur ganze Häuser, sondern auch riesige Schiffe wegrissen und unter Brücken durchspülten. Wenn es je eine Sintflut gegeben hat, muss sie so ausgesehen haben.

Zuerst gingen der japanische Reaktorbetreiber TEPCO und die politische Behörde davon aus, dass man die Katastrophe in den Griff bekommen könne. Neben den weggespülten Opfern des Tsunami, die man im Verlaufe der zurückkehrenden Tsunami-Welle fand, waren ganze Landesteile verschüttet. Nur die Freiwilligenarmee hatte Zutritt zu diesem Chaos.

Durch die Wucht des Tsunami waren sämtliche Sicherheitssysteme des Reaktors inkl. der Ersatzsysteme zur Kühlung ausgefallen. Die Brennstäbe begannen sich mit immer weniger Kühlwasser zu erhitzen und man versuchte zunächst, via Helikopter Meerwasser über die Kühltürme zu schütten.

Aufgrund der gezeigten Bilder wurde klar, dass vermutlich schon am zweiten Tag nach dem Tsunami die Kühlung ausgefallen war und heftige Explosionen die Reaktoren erschütterten. Experten aus aller Welt urteilten, dass es sich um einen Supergau, vergleichbar mit Tschernobyl oder noch größer, handeln musste. Der einzige Unterschied war, dass es sich in Japan um modernere Kraftwerke handelt, welche nicht mit Graphitstäben operierten. Dadurch wurde die Verstrahlung nicht in die hohe Atmosphäre geschleudert.

Die Information der Bevölkerung war dabei jedoch gänzlich ungenügend, und Beschönigungen und Verharmlosungen herrschten vor. Während man noch die kulturell bedingte Gleichmut der Japaner bewunderte, brodelte es allerdings mit Fortschreiten des Dramas hinter den Fassaden. Am Schluss begannen sich die Verantwortlichen von TEPCO zu entschuldigen für das, was sie der japanischen Nation angetan hatten.

Lebensmittel, Meerwasser und der Boden waren verstrahlt, und zwar zum Teil mit Plutonium mit einer Halbwertszeit von 24.000 Jahren. Brennstäbe lagen frei, während über 400 Liquidatoren versuchten, unter Einsatz ihres Lebens die Situation zu retten. Die Führung oder das Management verlor das, was man in einer Krise zuletzt verlieren kann: die Glaubwürdigkeit.

Auch hier kann man die Geschichte der Sintflut als paradigmatische Geschichte anführen und die Schlussfolgerung ziehen, dass wir die Technik und die Natur nicht im Griff haben. Erst mit vereinten Kräften aller Experten weltweit konnte schließlich die Katastrophe bewältigt werden.

»IPPNW-Unfallanalyse: Der Unfallablauf bis zum Eintritt der Kernschmelzen und sicherheitstechnische Schlussfolgerungen

Weltweit wird geglaubt, der Tsunami sei maßgeblich für den Super-GAU in Fukushima verantwortlich gewesen, doch er ist eingetreten, weil wichtige Hochdruck-Einspeisesysteme unabhängig von Tsunami-Schäden ausgefallen sind. Die vorliegende Unfallanalyse der IPPNW stützt sich auf offizielle Dokumente der japanischen Regierung und anerkannte Gutachterorganisationen der Atombehörden.

Am 11. März 2011 kam es im japanischen Atomkraftwerk Fukushima nach einem Erdbeben zu einem Super-GAU. Weltweit wird der Legende geglaubt, ausschließlich der dem Erdbeben folgende Tsunami sei für die atomare Katastrophe verantwortlich gewesen. Denn: Die Ereignisse wurden von der Betreiberfirma Tepco und der japanischen Regierung so dargestellt, dass in der Öffentlichkeit als Ursache mehr der Tsunami und weniger das Erdbeben wahrgenommen worden ist. Dieser offensichtlich interessengeleitete Versuch einer Geschichts(um)schreibung geht an der Realität vorbei. Dies kann mit einer minutiösen Analyse der Geschehnisse nachvollzogen werden.

Der Super-GAU ist eingetreten, weil wichtige Hochdruck-Einspeisesysteme unabhängig von behaupteten Tsunami-Schäden ausgefallen sind. Die Tsunami-Wellen wurde mit 14 Metern deutlich höher dargestellt als sie vermutlich war. Es fehlen Beweise für die behaupteten Überflutungen in der angegebenen Höhe und für die Schäden an sicherheitstechnischen Einrichtungen. Zudem wurde mit unzureichender räumlicher Trennung,

Redundanz und Diversität das Einmaleins der Reaktorsicherheit sträflich missachtet.

Die vorliegende Unfallanalyse der IPPNW stützt sich insbesondere auf offizielle Dokumente der japanischen Regierung und anerkannte Gutachterorganisationen der Atombehörden. Diese wiederum bezogen ihre Informationen fast ausschließlich von der Betreibergesellschaft Tepco. Jenseits von verschleiernden Darstellungen und des Unterschlagens von wichtigen Informationen etwa zur Ursache von Komponenten und Systemausfällen enthalten die offiziellen Berichte brisante Informationen, die eine Rekonstruktion der Unfallabläufe näherungsweise erlauben. Diese Rekonstruktion stellen wir vorbehaltlich der Annahme, dass die von Tepco gelieferten Informationen und Daten den tatsächlichen Abläufen entsprechen.

Die IPPNW-Analyse zeigt, dass das Erdbeben als ›auslösendes Ereignis‹ in Kombination mit einer defizitären sicherheitstechnischen Ausstattung zum Super-GAU geführt hat. Es gab in Fukushima beispielsweise nur eine geringe Zahl an Sicherheits(teil)systemen (Redundanzen) und eine unzulängliche räumliche Trennung der Systeme.

Auf der anderen Seite erwies sich die Ausstattung mit passiven bzw. nur mit Dampf und Batterien betriebenen Sicherheitssystemen in Fukushima als Vorteil, etwa gegenüber den in Deutschland noch in Betrieb befindlichen Atomkraftwerken. So verfügten die stillgelegten älteren Siedewasserreaktoren ebenso wie der stillgelegte deutsche Druckwasserreaktor Biblis A noch über dampfgetriebene Einspeisesysteme. Die derzeit in Deutschland betriebenen Atomkraftwerke hingegen nicht.

Es gibt weltweit zahllose Atomkraftwerke, deren Sicherheitssysteme erbebenanfällig sind. Häufig fehlen zudem ausreichend vorgehaltene Kühlwassermengen, notwendige Stromversorgungssysteme und deren räumliche Trennung und Flexibilität im Notfall.

Eine weitere Lehre aus Fukushima ist, dass Atomkraftwerke noch lange nach erfolgreicher ›Abschaltung‹ unvorstellbar gewaltige Wärmemengen produzieren, die bei nur kurzer Unterbrechung der Kühlung zwangsläufig zur Überhitzung des atomaren Kerns führen. Die Folge ist eine massive Freisetzung extrem gefährlicher radioaktiver Partikel in die Umgebung, die vom Menschen über die Luft, Trinkwasser und Nahrung aufgenommen werden können. Damit drohen gesundheitliche Folgen auch für kommende Generationen.«

Henrik Paulitz, Atomenergieexperte der IPPNW
Reinhold Thiel, Mitglied des Vorstandes der IPPNW

Wie sähen Lösungen aus?

Einmal mehr zitieren wir Schein (2012 unv.)

»The nearest thing to a ›solution‹ to such intercultural problems is Amy Edmondson's (2012) concept of ›teaming,‹ the team *learning* together, combined with my concept of doing this in a ›cultural island‹ setting. By a cultural island I mean a setting in which cultural rules can be temporarily suspended so that how different team members deal with authority can be examined and new shared norms developed. Before they get into a work situation the team members must be able to explore the communication norms that they have grown up with, share their different views in a safe environment, and find accommodations that they can all live with. Pre-knowledge of the cultures involved will be less important than a safe practice field or simulation setting and a facilitator who can open up the tricky authority norms and help the team to deal with them.

Preselecting team members in terms of competences and personality will still play a role, but the ability of the team to learn together will be the major factor. So as health care leaders begin to plan their various change programs, factoring in time for teaming will be necessary. Facilitating the dialogues in cultural islands will provide more than enough challenges to process consultants as we look ahead.« (p. 309)

Dies würde also heißen, dass wir zu einer Führung im Team kommen, wo die besten Kernkompetenzen gebündelt werden können. Das Vertrauen ins Team ist natürlich schwierig in einer Kultur, die letztlich auf Wettbewerb und Konkurrenz setzt.

Schein (2012, unv.)

»And, speaking of cultures, will the U.S. have a particular problem because of our ambivalence about groups and meetings. On the one hand, our pragmatism makes heroes out of groups that collaboratively get a job done such as effective sports teams, but at the same time we prefer to glorify the individual heroes on the team and point out how ineffective meetings are and how groups are bad because they diffuse responsibility. I have been astonished in my own consulting how ineffective senior executives are in running meetings and working effectively with their own subordinates. They call it a team but treat each subordinate as an individual competitor for the boss's job. I actually heard a CEO say to his group, »Now I want you all to work together as a team, but don't forget that you are all competing for my job.‹

Whether we like it or not, we are a deeply individualistic competitive culture and may have as yet unknown difficulties ahead as we encounter the more communitarian groupist cultures of other countries such as China.« (p. 309)

Wir wollen in unserem Buch aufzeigen, dass Führung und oberste Führungskräfte in einer Glaubwürdigkeitskrise stecken und dass ein neues Verständnis von Führung notwendig ist. Die Führungsaufgabe ist eng verbunden mit der Fähigkeit zur Veränderung und Transformation. Was weithin bei Führungskräften und Transformationsprozessen *fehlt*, ist die *Inspiration*. Wir zeigen auf, dass neue Entwicklungen in Organisationen und in der Gesellschaft weltweit im Gange sind, welche Inspiration erfordern.

Führung wird neu umschrieben mit Wahrnehmungsfähigkeit von zukünftigen Möglichkeiten. Organisationen selbst sollten Orte werden, wo Inspiration möglich ist und wo zukünftige Lösungen nicht nur aus der Vergangenheit entwickelt werden. Hier lassen wir uns durch Claus Otto Scharmer inspirieren.

Führung beinhaltet neu die Kernkompetenz des Helfens (Ed Schein 2010) und der Unterstützung, und zwar in der Selbststeuerung als auch in der Unterstützung von Mitarbeitern. Führung wird als Führungssystem und als »Inspirierte Führung« vorgestellt. Dies geht von der Grundthese von David Kantor aus, dass kein »Leader« alle Aspekte seiner Organisation abbilden kann. Entsprechend kann auch die Organisation nicht durch den gleichen »Leader« durch alle Phasen der Entwicklung geführt und gesteuert werden.

In einem zweiten Teil (von Britta Schönberger) stellen wir dar, wie Veränderung und Transformation heutzutage verstanden und in einem spirituellen Kontext gesehen werden kann: *Transformation und Theorie U aus spiritueller Sicht*. Diese Darstellung stammt für den Leser vorerst aus einem anderen Kontext, kann aber vollumfänglich auf Management übertragen werden.

Wir stellen als *Hauptorientierung* die von Claus Otto Scharmer vorgestellte und maßgebliche *Theorie U* vor, die er auf einem anthroposophischen und wissenschaftlichen Hintergrund aus der Forschung von über 150 Führungskräften in den letzten zehn Jahren entwickelt hat. Diese wird um den spirituellen Hintergrund von Transformationsgleichnissen erweitert. Bilder zu Veränderungsprozessen und Transformation aus dem spirituellen (religiösen) Hintergrund werden vorgestellt. Spiritualität unterscheidet sich hier von Religion, indem sie eine Erfahrung und nicht ein Glaubenssystem ist.

Dadurch werden Führung und Veränderung angereichert. Es wird aus der Diskussion heutiger Veränderungsanlässe deutlich, dass die spirituelle Dimension von Führung und Organisation vielfach fehlt. Diese Ansätze wurden bereits mit der Zielgruppe von Managern erfolgreich angewandt. Wir gehen ebenfalls der Frage nach, inwieweit die heutige Glaubwürdigkeitskrise der obersten Führungskräfte durch einen Mangel an spirituellen Grundlagen entstanden ist und wie Veränderungsprozesse nachhaltiger gestaltet sein könnten.

In diesem Kontext wird auch die Rolle des »Helfens als Kernkompetenz von Führungskräften und Beratern« (Schein 2010) beleuchtet. Ein Fallbeispiel aus der Organisationsentwicklung illustriert diese Ansätze konkret.

In einem *weiteren Teil* wird die *Rolle des Intravisors* vorgestellt, eines Prozessberaters mit einem größeren Abstand zur Organisation. Er hat die früher in historischen Kontexten bekannte Rolle des »Propheten« inne mit der Aufgabe, in der Organisation die Aspekte und Themen zu sehen und anzusprechen, welche die im operativen Geschäft gebundenen Manager nicht sehen können. Dies entspricht in der von uns vorgestellten »Leadership«-Typologie (nach Kantor) dem *Exit Leader*.

Im vierten Teil »Organisationsentwicklung und Transformation: Führung für die Zukunft« wenden wir diese Überlegungen auf das *Coaching von Transformationsprozessen* an, wo der persönliche Entwicklungsprozess des Managers mit der Entwicklung seines Organisationskontexts verbunden wird. Coaching krankt ja öfters daran, dass es als rein persönliche Begleitung einer Führungsperson verstanden wird. Eine zentrale Dimension ist die Zukunftsfähigkeit von Führungskräften. Die Führungskräfte und die Organisation als Ganzes entwickeln sich in die Zukunft. *Sabina Schoefer: Wir sind , also ist Zukunft.* In diesem Teil wird der bekannte Ansatz des *»Preferred Futuring« von* Larry Lippitt vorgestellt. Dieser ist Grundlage aller bekannten Großgruppenmethoden.

Wie immer ist auch dieses Buch nicht ohne die Mithilfe meines weltweiten Netzwerks möglich gewesen. Zuerst bedanke ich mich bei meinem Staff im Trias Institut, der zum Teil über 20 Jahre die Treue hält und mit seinem Commitment seinen Beitrag leistet für eine hochprofessionelle Weitergabe unseres Handwerks und unserer Kunst, allen voran den Mentoren Edgar Schein vom MIT, Peter Senge, Claus Otto Scharmer, George Roth (alle MIT), Chris Argyris (Harvard, † im Herbst 2014) und Fred Massarik von UCLA (†), meinem Ausbildungsstaff von Trias sowie Sabina Schoefer, Sylvia Böcker, Wolfgang Looss; Susanne Kempken, den Lehrsupervisoren Brigitta Marti und Ruedi Karlen; dann Jane Salk von der UT Dallas, Frank Wolff aus Paris, Wolfgang Weber von der Uni Innsbruck, Padmakumar Nair von der Thapar University in Indien, Karin Vey von IBM Research, den Redaktionsmitgliedern von *Profile*, den Dozenten von »Trias in Boston« wie Carolyn Lukensmeyer aus Washington, Kathie Dannemiller (†) und David Kantor aus Boston.

Besonders inspirierend waren Gespräche anlässlich der Academy of Management 2012 in Boston, die ich zusammen mit Sylvia Böcker mit Ed Schein und David Kantor führen konnte. Ebenso das Panel über »Führung und Kunst« mit Ian Sutherland von IEDC Bled und Nancy Adler. Hier kamen neu dazu die extrem spannenden Gespräche mit Usman Ghani von der UT Dallas, mit dem mich eine Zusammenarbeit in einem spannenden Leadership Programm und eine gemeinsame Begeisterung mit den Grundwerten von OE verbindet.

Dankenswert auch die Jubiläumsausgabe (22) von *Profile*, die Sylvia Böcker und Sabina Schöfer für mich herausgegeben haben. Dort werden unsere Lernwege der letzten 30 Jahre beschrieben.

Für die gute Unterstützung danke ich natürlich auch Andreas Kohlhage von der EHP, der uns allen ermöglicht, unsere Ideen und unser Werk einer breiten Leserschaft zugänglich zu machen.

Für gute Lernprozesse danken wir den vielen Teilnehmern von Ausbildungsgruppen, die wir seit über 20 Jahren begleiten, und natürlich den Kunden von Firmen und Institutionen, wo wir dies alles anwenden und entwickeln können. Lassen Sie sich also inspirieren. Wir sind gespannt auf Ihre Rückmeldungen.

Dieses Buch widme ich Daniela Stöcklin als Dank für ihre Liebe, für ihre Einblicke in die Psychosynthese und als Dank für die Seelenbegleitung in meiner schwersten Transformation (Gerhard Fatzer), zudem unserem Freund Edgar H. Schein, der mich großzügig unterstützt hat.

Führung und Veränderung – auf dem Weg zum Führungssystem

Gerhard Fatzer

1. Führung und Veränderung für unsere Zeiten – von der »inspirierten Führung zum Führungs-System«

Angesichts der allgemeinen Krise in Organisationen, die ihren Höhepunkt in der Finanzkrise des kapitalistischen Systems im Jahre 2009 fand, sind Führung und die Führungskräfte selbst in eine Krise geraten. Primär handelt es sich um eine Glaubwürdigkeitskrise, in deren Verlauf vor allem in den USA das Wort »CEO« (Corporate Executive Officer oder Konzernchef) direkt nach dem Wort »Drogenhändler« zum Schimpfwort wurde. Wir nennen hier als Extrembeispiele für Krise den Zusammenbruch von Enron, dessen oberster Führungsverantwortlicher zu einer Haftstrafe verurteilt wurde, der Lehman Brothers als einem der wichtigsten Investmenthäuser der Welt, und die Krise der Schweizerischen Grossbank UBS, welche nur durch Staatsintervention gelöst werden konnte und in deren Verlauf der Konzernchef vom Helden zur Unperson wurde.

Wie kann es kommen, dass frühere Helden, denen das Publikum und die Aktionäre mit Staunen zuschauten, wie sie die Spielarten des Wirtschaftssystems, das Streben nach immer grösserem Profit, öffentlich inszenierten, so tief stürzen können?

Was hat dies auch mit der Verbindung zu Heldengeschichten zu tun, deren Ideale sich in »Luft« auflösen?

Wenn Organisationen in eine Krise geraten, können sie sich der Entscheidung stellen, das komplexe Netz ihres Niedergangs zu betrachten oder ihre Hoffnungen auf einen Helden zu setzen, der sie von allem retten wird. Wie der große Wechsel an obersten Führungskräften in den letzten Jahren zeigt, ist die Figur des »weißen Ritters« oder des »Superman« das Universal-Heilmittel. Dabei liegen, angesichts systemischer Ursachen der Probleme, die gegenwärtigen Zeitspannen, in denen Konzernchefs in ihrer Position ausgewechselt werden, bei weniger als zwei Jahren.

Vermutlich ist es das Hineinwirken dieser herausfordernden Mythen oder Märchen, welche uns hartnäckig an solche Heldenfiguren glauben lässt. Wie allerdings die Erfahrung immer und immer wieder gezeigt hat, können solche Helden-Führungskräfte selten die in sie projizierten

Erwartungen erfüllen. Was ist, wenn das Problem nicht in der Person liegt?

Scharmer (2010, 92) beschreibt Führung als »*Führung vor der leeren Leinwand*«.

> »Führung unterscheidet sich von Management darin, dass es darum geht, den größeren Kontext zu sehen und weiterzuentwickeln.
>
> ... Die drei Phasen lassen sich gut im Bereich Führung nachvollziehen. Die erste Phase ist eindeutig. Die Aufgabe von Führung ist es, eine klare Richtung vorzugeben und dann die Durchführung der Anweisungen zu kontrollieren ...
>
> In dieser zweiten Phase mussten Führungskräfte lernen, Mitarbeiter in der ganzen Organisation in den Zielsetzungs- und Richtungsfindungsprozess einzubeziehen.
>
> Heute lässt sich eine dritte Phase wahrnehmen. Führung heißt jetzt, die Bedingungen dafür zu schaffen, dass *die Menschen in einer Organisation inspiriert sind,* d. h. dass sie beginnen, von einer anderen Energie oder von einem anderen Ort her zu handeln.
>
> ... Der Moment vor der leeren Wand wird Individuen oder Gruppen die Quellen der Inspiration, Intuition und Imagination erschließen.«

Was, wenn das Problem im Führungsmodell liegt, weil man davon ausgeht, dass Führung durch eine einzelne Person wahrgenommen wird? Was ist, wenn keine einzelne Person die Komplexität und die Herausforderungen der modernen Organisation meistern kann? Die Erwartungen an die Führungskräfte steigen ins Unermessliche. »Abstürze« sind programmiert. Wieder Scharmer (ebd., 98):

> »Was fehlt, sind institutionenübergreifende Orte, an denen produktive Gespräche mit allen Hauptakteuren eines in Frage stehenden Systems möglich sind. Das ist der heutige strukturelle blinde Fleck. Der andere blinde Fleck betrifft das Thema Führung, dass wir nicht wissen, wie wir gemeinsam führen können, wenn die alten Strukturen und Prozesse um uns auseinander- und zusammenbrechen.«

Mit anderen Worten, wenn »inspirierte Führung« nötig ist. Dies geht im gesellschaftlichen Bereich einher mit einer »Revolution von innen«: Das

Entstehen der Zivilgesellschaft als globale Kraft, das Entstehen einer neuen und weltweiten kreativen Klasse und das Entstehen eines neuen Umgangs mit Spiritualität.

> »Spiritualität kann als Quelle von Kreativität beschrieben werden. Damit unterscheidet sich Spiritualität von Religion, indem sie eine Erfahrung und nicht ein Glaubenssystem ist.« (ebd., 102)

Dies geht einher mit der größer werdenden Akzeptanz erfahrungsorientierter Praktiken in Führungsetagen (Fatzer 2011). In diesem Sinne sind auch die folgenden Teile dieses Buches zu lesen: nicht als Transformationsgeschichten und Inspirationen aus dem religiösen Bereich, sondern als Quellen spiritueller Inspiration.
Lassen Sie sich durch die andersartige Sprache und die andersartigen Bilder nicht befremden, sondern *inspirieren*. Es zeigt sich, dass wir Führung neu sehen müssen, als »inspirierte Führung« und als »Führung nicht durch eine einzelne Person, sondern durch ein Führungssystem«. Wichtig ist auch, dass Führung, wie Scheins Modell zeigen wird, durch die Entwicklungsphasen der Organisation geprägt ist. Führung in der Pionierphase sieht anders aus als Führung in einer Differenzierungsphase einer Organisation.

Ein neues Modell von Führung: Von der Führung zum Führungssystem

In den letzten Jahren sind viele Versuche gemacht worden, das Phänomen der Führung eingehender zu beschreiben. Viele der Versuche haben in »terrible simplifications« oder in »Quick Fixes« geendet. Wir wollen dazu etwas komplexere Sichtweisen vorstellen, die wir in Zusammenarbeit mit unseren langjährigen amerikanischen Partnern Edgar H. Schein (2010) und David Kantor (2010) entwickelt haben.

In den *»vier Gesichtern der Führung«* hat *Edgar H. Schein* gezeigt, dass Führung je nach Entwicklungsphase einer Organisation anders aussieht. Er hat diese Überlegungen das erste Mal an unserem Trias Kongress »Transition and Transformation« vorgestellt und im Buch »Führung und Veränderungsmanagement« (2009) beschrieben.

Der Manager oder die Führungskraft prägen die jeweilige Kultur eines Unternehmens. Führung in der Pionierphase, in der Differenzierung, im Aufbau und in der Reifephase sehen jeweils anders aus. Zudem prägen unterschiedliche »Karriere-Anker« (Schein 2009) die jeweiligen Führungskräfte in den jeweiligen Entwicklungsphasen. Er hat dies eindrücklich an den Lerngeschichten von Ken Olsen und Digital, von Ciba Geigy und von Con Edison gezeigt. Er kommt aufgrund dieses reichhaltigen Materials zu der Schlussfolgerung, dass Führungskräfte drei Kernkompetenzen brauchen: Die Beobachtungsgabe eines Ethnologen, die Interventions- oder Verhaltensmöglichkeiten eines Familientherapeuten und die Kreativität eines Künstlers. Entsprechend kann eine Organisation nicht über längere Zeit nur von einer Person gesteuert werden.

Schein (2009) entwickelt unterschiedliche Führungsmodelle:

FÜHRUNG PHASE 1: AUFBAU EINER NEUEN ORGANISATION

- Führungskraft oder Gründer als Kulturschöpfer
- Karriereanker unternehmerische Kreativität
- Werte und Annahmen des Gründers werden zur Basis der neuen Kultur, wenn die Organisation erfolgreich ist
- Daher sollten sich Gründer, die eine neue Organisation schaffen, der Art der Kultur bewusst sein, die sie schaffen

FÜHRUNG IN PHASE 2: MANAGEN VON WACHSTUM UND ALTER

- Von »Face to Face«-Führung zu Management-Systemen von Belohnung und Kontrolle
- Karriereanker »General Management«
  - Analytische Kompetenz
  - Interpersonelle Kompetenz
  - Emotionale Kompetenz
  - Interesse an finanzieller Gesundheit und Effizienz

FÜHRUNG PHASE 3: MANAGEN VON KULTURVERÄNDERUNGEN

- Veränderung in Gang setzen durch den Einsatz der bestehenden Kultur, um ihre dysfunktionalen Elemente zu ändern
- Verstehen der Dynamik von Wandel und des Veränderungsprozesses und der Rolle von Führung
- Konzernchef als Repräsentant des Willens zur Veränderung
  – Die Quelle des »Auftauens«, die unbestätigte Infos vermittelt. -> induzieren von Überlebensangst
  – Artikulation von nicht verhandelbaren Veränderungszielen -> schafft <u>Lernangst</u>
- Der Führungsverantwortliche als Repräsentant von Lernen -> reduziert Lernangst
  – Zeit und Ressourcen für Lernen zur Verfügung stellen
  – Möglichkeiten zur Anwendung des Gelernten im Lernprozess bieten
  – Neue Belohungssysteme, Kontrollen und Strukturen zur Unterstützung des neuen Verhaltens zur Verfügung stellen
- Führungskraft, die die geforderte Kontinuität bietet, um das Erlernte zu festigen, so dass der Lernprozess im gesamten System stattfinden kann
- Karriereanker von Sicherheit und Stabilität

PHASE 4: FÜHRUNG AUS DER MITTE

- Führungskräfte der mittleren Ebene als »Löser« von subkulturellen Konflikten
- Das Problem der »Praxisdrift« in <u>allen</u> Geschäftsbereichen
- Führung als Informationssammlung und -übermittlung

SCHLUSSFOLGERUNGEN

- Es gibt keinen allgemeingültigen Führungsstil
- Was Führungskräfte tun müssen, hängt von der jeweiligen Organisationssituation ab
- Was gute Führungskräfte und Veränderungsmanager haben müssen, ist:
  - die Fähigkeit, wie ein Anthropologe zu denken
  - die Interventionsfähigkeiten eines Familientherapeuten
  - die kreativen Instinkte eines Künstlers

Hier taucht erstmals die Idee eines Führungsteams auf, wie sie später von David Kantor (2010) ausgeführt worden ist.

Noch radikaler ist die Idee von Schein, dass *Helfen* die *neue Kernkompetenz von Führungskräften und guten Prozessberatern* ist. Dies ist in seinem Buch »Helping« (2009, dt. 2010) beschrieben. Hier führt er aus, wie die Führungskraft zum Prozessberater wird und welche Dilemmata sie dabei erlebt.

PRINZIPIEN DES HELFENS FÜR FÜHRUNGSKRÄFTE

WIE MAN HILFT UND HILFE ENTGEGENNIMMT

Edgar H. Schein © 2009

DAS DILEMMA DES HELFENS

- HELFEN IST EINE UNTERBRECHUNG DER SOZIALEN ORDNUNG
  - OEKONOMIE DES SOZIALEN
  - SOZIALES THEATER
- HELFEN BRINGT BEZIEHUNGEN AUS DER BALANCE
  - HILFE VERLANGEN BRINGT "ONE DOWN"
- HELFEN SCHAFFT ROLLEN KONFUSION
  - HILFE NACHFRAGEN BRINGT EINEN "ONE UP"
  - WELCHES IST DIE RICHTIGE ROLLE BEIM HELFEN

VORAUSSETZUNGEN FÜR HILFREICHE HILFE

- "DEMÜTIGES BEFRAGEN"
  ZUR BALANCE DER BEZIEHUNG MIT DEM KUNDEN/KLIENTEN
- PROZESS BERATUNG "AT THE OUTSET"
  - UM DIE BEZIEHUNG ZU BALANCIEREN
  - UM INFORMATION HERVORZUHOLEN, WAS DAS WIRKLICHE PROBLEM IST
  - UM INFORMATION ZU ERHALTEN, WELCHE HELFENDE ROLLE GUT IST

ROLLEN-MÖGLICHKEITEN

- FORTSETZEN IM PROZESS
- PB-ROLLE, WEIL DER KLIENT SEIN EIGENES PROBLEM LÖSEN MUSS
- EINE EXPERTEN-/ INFORMATION VERMITTELNDE ROLLE EINNEHMEN
- EINE EXPERTEN-, DIAGNOSTIKER- UND VORBILD-ROLLE EINNEHMEN

WARUM BRAUCHEN FÜHRUNGSKRÄFTE HILFE

- SIE WISSEN NICHT, WIE SIE PROZESSBERATER SEIN KÖNNEN
- SIE VERSTEHEN ODER WERTSCHÄTZEN "HUMBLE INQUIRY" NICHT
- "THEY ARE FLYING BLIND" IM ANGESICHT EINER WACHSENDEN ZAHL VON TECHNISCHEN SUBKULTUREN DER MITARBEITER

Interessant und weiterführend sind auch die Betrachtungen und Forschungen von Barbara Kellerman (2009 und 2005), die sie bei unserer Trias Konferenz 2009 unter dem Stichwort »Followership« präsentierte. Grundsätzlich ist Führung in vielen Fällen schlechte Führung, wie das gleichnamige Buch *Bad Leadership* zeigt. Hier werden, vor allem abgeleitet von politischen Figuren, Merkmale schlechter Führung gezeigt.

Eigentlich aber sind Gefolgsleute viel wichtiger, und das Phänomen Führung kann erst durch die Rolle der »Followers« genügend erklärt werden. Gute Führung kann nur dann funktionieren, wenn Führungsverantwortliche durch ihre Mitarbeiter unterstützt werden (und umgekehrt). Dies sieht man insbesondere bei politischen Wahlen oder Umwälzungen.

Trotz dieser grundlegenden Überlegungen auch weiterer Autoren wie Jim Collins, Howard Gardner und Heifetz stellt jedoch immer noch eine bestimmte Führungsgestalt, nämlich der charismatische Manager oder Held, das Idealbild von Mitgliedern von Stiftungsräten, Kirchenbehörden, Verwaltungsräten, Bildungsinstitutionen oder ehrenamtlichen Gremien dar.

2. Führung von der Person zur Führung im System[1]

Stattdessen plädieren wir für ein »Führungs-System«, das die Kernkompentenzen »Guter Führung« in die Hände eines ganzen Teams legt. Was sind die Fähigkeiten eines Führungs-Systems?

- Es umfasst eine breitere Palette von Führungsstilen und -fähigkeiten im Dienste der Organisation.
- Die Organisation wird widerstandsfähiger und adaptiver gegenüber unvermeidbaren Schocks und Turbulenzen.

[1] Diese Ausführungen basieren auf noch nicht veröffentlichten internen Materialien von David Kantor. Wir danken ihm dafür, sie großzügig verwenden zu dürfen. Sie sind ausführlich publiziert in seinem 2012 erschienenen Buch *Reading the Room*.

- Die Mitglieder des Führungs-Systems agieren authentischer und wirkungsvoller
- Die Last der Führung der Organisation ist verteilt innerhalb einer Gruppe von gut miteinander vernetzten Individuen
- Die Führungsverantwortlichen sind verantwortlich für gemeinsame »Checks and balances«

2.1 Das »Leadership« System: Führung als Team oder Systemfunktion

Führung, wie wir sie hier vorstellen, basiert auf Lateralität und kollektiver Autorität statt personeller Hierarchie. Es ignoriert die Notwendigkeit für Hierarchie nicht, da die Qualität von Führungsentscheiden, vor allem in kritischen Situationen, eine Konzentration auf wenig Personen erfordert. In diesem System wird erwartet, dass jeder der unterschiedlichen Führungsverantwortlichen periodisch nach vorne tritt, wenn die Umstände oder die Situation es erfordern. Ed Schein hat in seinem Führungsmodell der Kulturentwicklung ausgeführt, dass je nach Situation der eine oder andere Führungsverantwortliche geeigneter ist. Dies hat auch mit Fähigkeiten und Karriereankern zu tun.

Die Mitglieder des Führungsteams arbeiten kollaborativ, teilen die Macht, antizipieren und steuern Organisationskrisen und bringen ihre persönlichen und kollektiven Stärken ein, um Organisationsthemen anzugehen.

Ein Führungssystem ist sehr anders beschaffen und unterscheidet sich vom heroischen Modell der Führung in mindestens vier wichtigen Bereichen:

1. Wie die Mitglieder sich selbst und ihre Rollen sehen

   Ein Führungssystem ist kein Führungsteam, wo jedes Mitglied die Verantwortung für das Management eines Teils der Organisation übernimmt. Es ist stattdessen ein Team von Führungsverantwortlichen, die kollektiv die Verantwortung für die gesamte Organisation übernehmen.

Die Teammitglieder sind diesem Konzept verpflichtet und sehen sich selbst diese systemische Führungsrolle spielen.

2. Seinen Umfang an Fähigkeiten

   Das Führungssystem ist ein Team von »Leaders«, welche durch Training und Design die Fähigkeiten für fast jede wahrnehmbare oder mögliche Organisationsherausforderung besitzen. Dazu gehört im Sinne von Scharmers Führungsverständnis auch die Wahrnehmung offener Situationen und ein Bewusstsein für die systemisch bedingten Blindheiten oder »Blind Spots« der Organisation. Diese wird in den acht Systemarchetypen und in der Grundfähigkeit des »Systems Thinking« eingeübt.

   Sie umfassen eine Reihe von Intelligenzen – rationale, emotionale, moralische, soziale und strukturelle. Sie sind trainiert und eingeübt im Führen von Gesprächen über schwierige Themen, und zwar in einem produktiven Sinne. Die meisten Führungssituationen scheitern unter anderem darin, dass Gespräche defensiv sind und nicht weiterführend. Dies kann man aufzeigen bei der Untersuchung von Restrukturierungen, welche gescheitert sind. Ed Schein hat dazu bemerkt, kritisch sei in Organisationen und Führungssituationen, dass »die Kommunikation von unten nach oben in der Organisation« fehle und darum die Organisation defensiv und lernunfähig sei. Chris Argyris hat dies mit dem Konzept der »Eingeübten Inkompetenz« und der »Defensiven Routinen« beschrieben (Argyris in: Fatzer »OE für die Zukunft«).

   Sie haben gelernt, systemisch zu denken und werden zu »Meistern der systemischen Wahrnehmung« ihres Unternehmens. Während sich ihre Organisationen entwickeln, wissen die Teammitglieder des FührungsSystems, wie alle wichtigen Teile, nämlich Prozesse, Schlüssel-Teams, verschiedene Abteilungen und die Position und Funktion, innerhalb des Systems funktionieren und mit den guten oder schwierigen und kranken Wirkungen zusammenhängen. Sie können sich auf das Gesamt-System fokussieren, sehen, wie es funktioniert oder nicht funktioniert und sie können korrigierende Aktionen entwerfen.

   Mitglieder des Führungssystems sollten ein breites Repertoire von Aktionen, operativen Stilen, Problemlösungstechniken, Gebrauch von Sprachen und Arten der Zusammenarbeit haben.

3. Sein Platz innerhalb des Organisations-Designs
   In seiner reinen Form sieht das Führungssystem innerhalb der Organisationsarchitektur neu und innovativ aus. Während ein traditionelles Führungsteam dem CEO gegenüber in einer direkten Kommunikationslinie berichtet, ist das Führungssystem so konzipiert, dass es die Organisation kollektiv und systemisch führt.

4. Seine kollektive Intelligenz
   Wegen all dieser Eigenschaften – einer unterschiedlichen Identität, einer breiteren Anzahl von Fähigkeiten, eines neuen Organisationsdesign, gekoppelt mit einem intensiven Training, wie man effektiv in einem Führungssystem arbeitet, entwickelt das Team ein »Amalgam«, das ihm erlaubt, weit effektiver und auf einem höheren Level zu funktionieren. Es entwickelt eine kollektive Intelligenz, einen Zustand, wo das Ganze wirklich mehr ist als die Summe seiner Teile. Es ist so, dass das traditionelle »Executive Team« eine Form darstellt, das Führungssystem eine andere.

Wir glauben, dass ein Führungssystem in dieser Form effektiver wäre im Umgang mit den vielen komplexen Herausforderungen, vor denen Organisationen gegenwärtig und zukünftig stehen.

2.2 Fünf Führungs-Pfade

In unserer Vorstellung eines Führungssystems existieren fünf Typen von Führungskräften, welche das vollständigste und wirkungsvollste »Leadership«-System repräsentieren und bilden. Wir nennen sie die fünf Führungspfade. Jeder von diesen Führungstypen nutzt natürliche Eigenschaften, welche ein wirkungsvolles Gesamtsystem konstituieren. Jeder der Pfade macht wichtige Beiträge zur Gesundheit und zum Erfolg der Organisation. In unserem Modell sind für ein gut funktionierendes Führungssystem alle Führungstypen erforderlich:
- der Performance »Leader«
- der Vision »Leader«

- der Weisheits-»Leader«
- der Citizen »Leader«
- der Exit »Leader«

Der »Performance Leader«

Dieser Führungsverantwortliche ist der Wächter des Unternehmensprofits. Er hat die kurzfristigen Ziele vor Augen. Er versucht den Weg der ökonomischen Leistungsfähigkeit zu beschreiten und die kreative Spannung zwischen kurz- und langfristigem Denken und Handeln nicht aus den Augen zu verlieren. »Performance Leader« sind nicht nur wegen ihres Charismas und ihrer Leistungsfähigkeit erfolgreich. Weil sie erfolgreiche Resultate in ihren Bereichen liefern (Jack Welch von General Electric ist ein hervorragendes Beispiel), haben solche Führungskräfte viele Anhänger. Sie werden als Kulturhelden gesehen, welche das Recht auf »Followers« verdient haben.

Spezielle Eigenschaften

- Der Performance Leader trägt das Unternehmen mit seiner hohen Energie;
- demonstriert Vertrauen in Umgang mit Macht und Situationen mit hohen Risiken;
- kann entschieden reagieren, selbst unter Druck;
- tut, was er verspricht, und ist in hohem Maße loyal;
- ist willens, Risiken zu tragen und hinter schwierigen Entscheidungen zu stehen und volle Verantwortung für die Konsequenzen zu übernehmen;
- ist ehrlich gegenüber schwierigen Entscheidungen und Verlässlichkeiten;
- ist hoch kompetitiv;
- kann Abstand nehmen von Gier und persönlichen Vorteilen;
- kann eine »Krisen-Mentalität« entwickeln und immer wieder neue Herausforderungen schaffen;

- geht das hohe Risiko des »Burn Out« ein;
- neigt dazu, sich auf symptomatische Aspekte oder »Quick Fix«-Lösungen zu konzentrieren;
- kann autoritär werden, wenn er glaubt, er sei es nicht.
- Fast alle Führungskräfte beginnen ihre Karriere als Performance Leaders. Es ist ein »Rite de Passage« in die nächste Führungsrolle hinein.
- Einige Führungskräfte mögen auch einen der vier anderen Wege auswählen.

Der »Visions Leader« oder der Führungsverantwortliche für die Vision

Der Visions Leader ist der Futurist der Organisation. Er kombiniert seinen tiefen Glauben an die Vernunft mit einem ebenso tiefen an die Intuition. Mit dieser zweifachen Vision ist er imstande, seine persönlichen und organisationalen Grundannahmen, Leitgedanken und Richtungen für die Veränderung – ökonomischer, industrieller, finanzieller und organisationsbezogener – Art zu formulieren, so wie es sich wenige nur vorstellen können.

Von all den Führungstypen ist der »Vision Leader« derjenige, der die größten Fähigkeiten hat, die eigenen und organisationalen »Paradigmen« zu verändern, indem er wahrnimmt, wie das, was ist, anders sein könnte. Er hat die Fähigkeit, über das Denken nachzudenken und hat einen großen Hunger nach Ideen.

Indem er seine Vision von dem, was aus der Organisation werden könnte, formt und immer wieder neu formt, lädt dieser Führungstyp Beiträge von allen Seiten innerhalb und außerhalb der Organisation ein, und er sorgt dafür, dass der Zugang zu ihm leichtfällt. Mit einer starken und klaren Stimme sagt der Vision Leader »Ich sehe sehr klar, in welche Richtungen wir gehen müssen. Und er hat den Mut, mit seiner Überzeugung zu gehen.

Der Vision Leader sieht Möglichkeiten für die Zukunft, welche andere nicht sehen, unterstützt durch seine Fähigkeit, vorwärts und rückwärts zu pendeln zwischen Vergangenheit und Gegenwart als eine Form, seine Intuition für die Zukunft anzuleiten.

Die Achillesferse dieses Leaders ist seine Faszination von der Zukunft. Indem er seinen Blick nach vorne richtet, kann er manchmal unbequeme Aspekte der Gegenwart vernachlässigen. Der Vision Leader stützt sich daher stark auf andere Führungsverantwortliche , um eine nachhaltige Organisationszukunft aufzubauen, die er, oft als Einziger, detailliert sieht.

Der »Weisheits«-Leader oder der Führungsverantwortliche für die spirituellen Dimensionen.

Der »Wisdom Leader« ist der Wächter der spirituellen Essenz der Organisation, seiner Daseinsberechtigung. Er kann artikulieren, was diesen Ort »ausmacht«, und er inspiriert andere mit seinem Engagement und seinen Werten. Als derjenige, der am meisten auf die Werte und spirituellen Aspekte der Organisation konzentriert ist, nimmt er seinen Standpunkt ein, wenn er mit Zynismus über die »weichen Aspekte der Organisation« konfrontiert ist. Er ist mutig und stellt Fragen wie: »Was ist der Sinn von Arbeit? Was ist der Sinn des Lebens? Ist unsere Werteorientierung nachhaltig und verlässlich?

Er hat eine passive und eine aktive Seite, und er kann sie in Balance halten. Auf der passiven Seite kann er sich zurückhalten, eine Aktion in Gang zu setzen, wenn Mitarbeiter mit einem Reflex reagieren. Auf der aktiven Seite kann er andere durch eine Wildnis von Ambiguität und Unsicherheit führen. Beides hängt davon ab, wie gut er mit Paradoxien umgehen kann. Der Führungsverantwortliche für Weisheit hat eine »Sowohl- als-auch«-Perspektive. Er kann sowohl mit den Werten von innerer, subjektiver Erfahrung als auch mit Ansätzen wissenschaftlicher Analyse umgehen, ohne das eine oder andere zu verwässern. Seine Grundannahme ist, dass jede Perspektive verankert ist in innerer Weisheit, Autorität und guten Ressourcen.

Er bejaht die Kraft und Schönheit guter menschlicher Intention, und damit kann er verborgene Fähigkeiten von Mitarbeitern oder ganzen Teams hervorholen.

Der »Citizen Leader« oder der Führungsverantwortliche für die Entwicklung

Für den Citizen Leader ist das Unternehmen oder die Organisation selbst das Produkt. Er widmet sich selbst der Entwicklung der Organisation und ihrer Kultur. Er sieht die Produkteziele der Organisation als auch der Mitarbeiter als miteinander verbunden. Er konzentriert sich selbst auf Strukturen, welche funktionieren oder nicht funktionieren, und er benutzt dabei neben Analyse auch seine Beobachtungsfähigkeit. Er informiert das Führungsteam über seine Beobachtungen und macht Designvorschläge zu strukturellen Korrekturen. Er ist ein Designer von Strukturen und er versucht, die Organisation so zu steuern, zu formen und zu reformieren, dass die kreativen Energien aller Mitarbeiter voll genutzt werden.

Er sieht es als seine Pflicht, den »Esprit de Corps« der Mitarbeiter zu kultivieren. Er ist mit ihnen gut im Kontakt und hilft denen, die sich verletzbar fühlen, ohne sie aber in ein Gefühl von »Opfer des Systems« zu bringen.

Durch seine starken Beziehungsfähigkeiten, kann er produktive Kommunikation und »kollaboratives Befragen« zwischen Managern und Mitarbeitern fördern.

Der Exit Leader oder der Führungsverantwortliche für kritisches Bewusstsein

Sein Beitrag zur Führung besteht in seiner Fähigkeit, alle Aspekte und kritischen Themen der Organisation anzusprechen, welche die andere nicht zu thematisieren wagen. Sein Fokus besteht nicht in der Kritik, sondern in dem Willen zur Verbesserung, indem man fortwährend höhere und höhere Ebenen der Leistungsfähigkeit erstrebt, und in einer offenen Selbst- und Organisationsreflexion. Er perfektioniert seine Praxis der positiven Opposition dadurch, dass er die Organisation zwingt, sich selbst kritisch zu betrachten, sich zu balancieren in den Aspekten der Logik, der Vorgehensweisen und der Aktionen. Er ist kritisch gegenüber der »Tyrannei des Erfolgs« (ein Systemarchetypus nach Senge, welcher einen plötzlichen Absturz eines Systems voraussieht), gegenüber Arroganz. Er fühlt sich der

Wahrheit verpflichtet und hält die Grenzen des Systems offen. Er versucht offen zu bleiben gegenüber Aspekten, die kritisch sind und ermuntert den freien Ausdruck von unpopulären Aspekten eines Themas.

Der Exit Leader bleibt absichtlich an der Peripherie der Organisation, um eine gewisse Objektivität zu garantieren. Es wäre dies auch die Rolle, welche in letzter Zeit »Whistleblowers« übernommen haben, wie in den Beispielen von UBS und dem Zürcher Sozialamt. Leider werden solche Personen noch allzu oft bestraft.

Diese Rolle ist eine kritische, aber meist fehlende in einem gut funktionierenden »Leadership« System. Allzu oft wird diese Rolle in den Hintergrund oder Untergrund gedrängt. Bei Krisen wie bei Enron, Lehman Brothers oder dem Madoff Skandal wäre diese Rolle vital gewesen.

Wenn eine Organisation sich entschließt, diese Rolle hinzuzunehmen, kann sie eine hohe Wirksamkeit und Zukunftsfähigkeit erreichen.

Erste Schritte zu seiner Anwendung

No matter how attractive a Leadership System may appear on paper, it is of no value if organizations and the leaders within them cannot actualize this vision.

What does it take, then, to cultivate a Leadership System and put it into action?

Building a system of interconnected leaders with equivalent but widely varying sets of capabilities is no small feat. It requires an incredible commitment: a commitment to the long-term development of leaders from within; to the essential value of the differences between individuals; to honest and frank dialogue about individual leaders' real strengths and weaknesses; to a lateral rather than a hierarchical leadership structure. The scope of these requirements adds up to no less than a total reframe of how most organizations think about leadership, power, and performance.

Given the resounding failure of current leadership models, however, the way forward seems evident. Organizations have the opportunity to take the reins of their future rather than reacting to market performance and replacing their leaders in times of trouble. History has proven that those CEO saviors are a beautiful myth that too often proves to be just that—a fiction rather than a reality.

Was sind die Fähigkeiten eines Führungssystems?

- Es umfasst eine breitere Palette von Führungsstilen und -fähigkeiten im Dienste der Organisation
- Die Organisation wird widerstandsfähiger und adaptiver gegenüber unvermeidbaren Schocks und Turbulenzen
- Die Mitglieder des Führungssystems agieren authentischer und wirkungsvoller
- Die Last der Führung der Organisation ist verteilt innerhalb einer Gruppe von gut miteinander vernetzten Individuen
- Die Führungsverantwortlichen sind verantwortlich für gemeinsame »checks and balances«

Führung basiert auf Lateralität und kollektiver Autorität statt personeller Hierarchie

In diesem System wird erwartet, dass jeder der unterschiedlichen Führungsverantwortlichen periodisch nach vorn tritt, wenn die Situation es erfordert

Ein Führungssystem unterscheidet sich vom heroischen Modell der Führung in mindestens vier Bereichen:

1. Wie die Mitglieder sich selbst und ihre Rollen sehen

2. In seinem Umfang an Fähigkeiten

Das Führungssystem: Team von »Leaders«

- Fähigkeiten für fast jede wahrnehmbare Organisationsherausforderung
- Wahrnehmung offener Situationen und ein Bewusstsein für die systemisch bedingten Blindheiten oder »blind spots« der Organisation
- acht Systemarchetypen
- Grundfähigkeit des »Systems Thinking«
- Reihe von Intelligenzen – rationale, emotionale, moralische, soziale und strukturelle
- trainiert im Führen von Gesprächen über schwierige Themen in einem produktiven Sinne
- Meister der »systemischen Wahrnehmung« ihres Unternehmens
- Mitglieder des Führungsteams sollten ein breites Repertoire von Aktionen, operativen Stilen, Problemlösungstechniken, Gebrauch von Sprachen und Arten der Zusammenarbeit haben.

3. In seinem Platz innerhalb des Organisationsdesigns

Führungssystem ist so konzipiert, dass es die Organisation kollektiv und systemisch führt

4. In seiner kollektiven Intelligenz

Ein Zustand, wo das Ganze wirklich mehr ist als die Summe seiner Teile. Das traditionelle »execuitive team« stellt eine Form dar, das Führungssystem eine andere

Fünf Führungs-Pfade:

Der Performance-»Leader«

- Der Performance-Leader trägt das Unternehmen mit seiner hohen Energie
- demonstriert Vertrauen im Umgang mit Macht und Situationen mit hohen Risiken
- kann entschieden reagieren, selbst unter Druck
- tut, was er verspricht und ist in hohem Maße loyal
- ist willens, Risiken zu tragen und hinter schwierigen Entscheidungen zu stehen und volle
- Verantwortung für die Konsequenzen zu übernehmen
- ist ehrlich gegenüber schwierigen Entscheidungen und Verlässlichkeiten
- hoch kompetitiv

Der Vision-»Leader«

Der Vision-Leader ist der Futurist der Organisation. Er kombiniert seinen tiefen Glauben an die Vernunft mit einem ebenso tiefen an die Intuition

Der Wisdom-»Leader«

Der Wisdom-Leader ist der Wächter der spirituellen Essenz der Organisation, seiner Daseinsberechtigung. Er kann artikulieren, was diesen Ort »ausmacht«, und er inspiriert andere mit seinem Engagement und seinen Werten.

Der Citizen-»Leader«

Für den Citizen-Leader ist das Unternehmen oder die Organisation selbst das Produkt. Er widmet sich selbst der Entwicklung der Organisation und ihrer Kultur. Er sieht die Produktziele der Organisation als auch der Mitarbeiter als miteinander verbunden.

Er konzentriert sich selbst auf Strukturen, welche funktionieren oder nicht funktionieren, und er benutzt dabei neben Analyse auch seine Beobachtungsfähigkeit. Er informiert das Führungsteam über seine Beobachtungen und macht Designvorschläge zu strukturellen Korrekturen.

Der Exit-»Leader«

Der Exit-Leader ist der »sanktionierte Ikonoklast« oder der Zerstörer von kulturellen Symbolen in der Organisation.

Der einzigartige Beitrag dieses Führungsverantwortlichen liegt in seiner Fähigkeit begründet, Aspekte der Organisation und ihrer »Performance« anzusprechen, welche andere wegen mangelndem Mut nicht anzusprechen wagen. Sein Fokus liegt nicht auf dem Kritisieren, sondern auf dem Verbessern durch Suche nach immer besseren Möglichkeiten der »Performance« und auf ehrlicher Selbst- und Organisationsreflexion.

2.3 Führung und Heldengeschichten

Die Heldentypen von David Kantor (2012) basieren auf der Annahme aus der systemischen Familientherapie, dass Führungskräfte bei Herausforderungen, vor allem in Grenz- oder Krisensituationen, auf Archetypen von Helden zurückgeworfen werden. Sie agieren in ihrem Grenzprofil (Schnittstelle ihrer biographischen Lerngeschichte mit Institutionen oder Organisationen) nach folgenden drei paradigmatischen Mustern (mit den Grauzonen und den Schattenseiten):

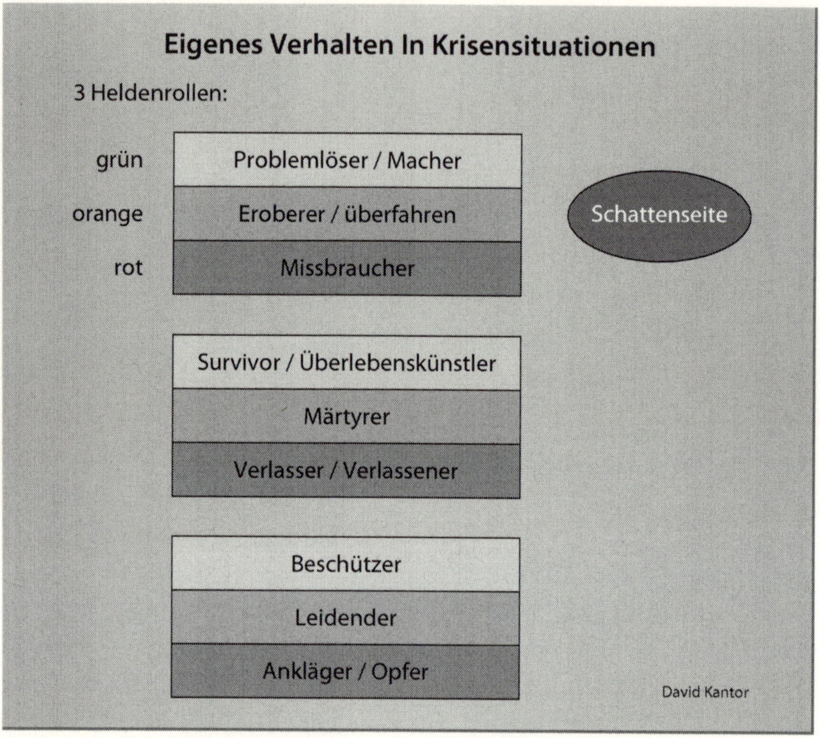

David Kantor postuliert, dass wir in »kritischen Situationen« bestimmte Kindheitssituationen gleichsam noch einmal inszenieren, um uns und andere möglichst gut durch eine Krise zu bringen. Er unterscheidet drei Helden- und Heldinnenrollen:

a) ProblemlöserIn (Fixer)

Sonnenseite dieses Helden / dieser Heldin ist die Fähigkeit, das System voranzubringen. Er ist der siegreiche Macher, welcher nicht lange fackelt, sondern sich um die fragliche Angelegenheit kümmert. In seiner Grauzone betätigt sich der Problemlöser als Eroberer.
→ Gerät er auf die Schattenseite, wird er zum Missbraucher.

b) Überlebende/r (Survivor)

Sonnenseite dieses Helden ist seine Fähigkeit durchzuhalten, ausdauernd zu sein. Er ist Überlebensspezialist, der keine Zeit und keine Entwicklung kennt, sondern nur um die immer wiederkehrende Notwendigkeit weiß, auf irgendeine Weise zu überleben. In seiner Grauzone wird der Überlebende zum Märtyrer (Schuld tragen immer die anderen) und schließlich
→ verfällt er/sie auf seiner/ihrer Schattenseite der Rolle des/der Verlassenen oder des/der Verlassenden.

c) Beschützer/Beschützerin (Protector)

Sonnenseite dieses Helden / dieser Heldin ist seine/ihre Fähigkeit, beschützend und abschirmend zu wirken. In seiner/ihrer Grauzone wird der/die BeschützerIn zum/zur Leidenden und schließlich
→ verfällt er/sie auf seiner/ihrer Schattenseite der Rolle des Opfers oder des Anklägers / der Anklägerin.

Wenden wir dies auf konkrete Beispiele aus der jüngeren Unternehmensgeschichte an, können wir folgende Illustrationen sehen:

Bei der schweizerischen Firma Swisscom wurde der deutsche Manager Carsten Schloter CEO und installierte eine Unternehmenskultur, die als Macher- oder Macho-Kultur beschrieben werden könnte. Er setzte sich 24 Stunden, also rund um die Uhr, für seine Mitarbeiter ein, war immer online erreichbar, installierte für sich selbst ein fast masochistisch anmutendes Element von Fitness (ab morgens um 5 Uhr) und verlangte das gleiche von seinen Mitarbeitern.

Einschneidend in seiner Biographie war das Erlebnis, dass er sich via Scheidung von seinen Kindern trennen musste, die er nur noch alle 14 Tage sah. Er meinte in einem vielbeachteten Interview mit Roger Schawinski im Schweizer Fernsehen, dass ein Manager einen solchen Spagat nur schwer aushalte. Später nahm sich Carsten Schloter das Leben, was sich niemand erklären konnte. Es war eine große Betroffenheit spürbar, man fragte sich auch, warum seine aktuelle Lebenspartnerin, welche esoterisches Coaching betrieb und sich gerade auf einer Reise nach Indien befand, von dieser Entwicklung nichts gemerkt hatte.

Schloter hatte den Heldentyp des Machers kombiniert mit dem Survivor und endete als Missbraucher und Verlassender.

Es ist schwierig, solche Verhaltensmuster vorauszusagen und Signale zu erkennen. Darum ist es umso wichtiger, dass Manager solche Muster kennen und auch ihre Umgebung damit umgehen kann.

Zweites Beispiel wäre Harry Hohmeister, der deutsche CEO von Swiss, der sich in einem Kampf gegen die schwer subventionierte Arabische Etihad, die den Schweizer Flugmarkt stören wollte, wehrte und diese vertrieb, gleichzeitig aber seinen hoch motivierten Mitarbeitern vieles abverlangte.

Er war eine Kombination von Macher und Beschützer mit den jeweiligen Schattenseiten.

Drittes und sehr aktuelles Beispiel ist das eines Machtkampfes beim größten Autohersteller Deutschlands, der Volkswagen AG. Ferdinand Piëch, dessen Großvater Ferdinand Porsche ihn zuerst zu Porsche holte und ihm dann die Sanierung der Marke Audi anvertraute, fasste zusammen mit den Hauptaktionären der Familie Porsche den Entscheid, dass niemand im operativen Geschäft weiterhin tätig sein werde.

Er hatte ja die Spitze von VW eingenommen. Fortan betätigte er sich als Kontrollgremium und Verwaltungsratspräsident. In dieser Funktion hatte er Martin Winterkorn als CEO und seinen Kronprinzen aufgebaut. In einem beispiellosen Coup mithilfe von ›Der Spiegel‹ inszenierte er eine Absetzung, verlor dann aber im Verwaltungsrat haushoch, so dass er und seine Frau von allen Funktionen zurücktreten mussten.

Piëch war immer ein Macher gewesen, hatte unendlich viele Mitstreiter missbraucht, und hatte immer die »Guillotine« früher gebraucht als seine Widersacher. Da er kein Protector oder Survivor war, überlebte er auch seinen Coup nicht. Er bedeutete den fast totalen Gesichtsverlust.

Übersetzen wir diese Konzepte auf einen Coaching-Prozess, wo ein Coach eine Führungskraft unterstützen und begleiten würde, könnte dies so aussehen:

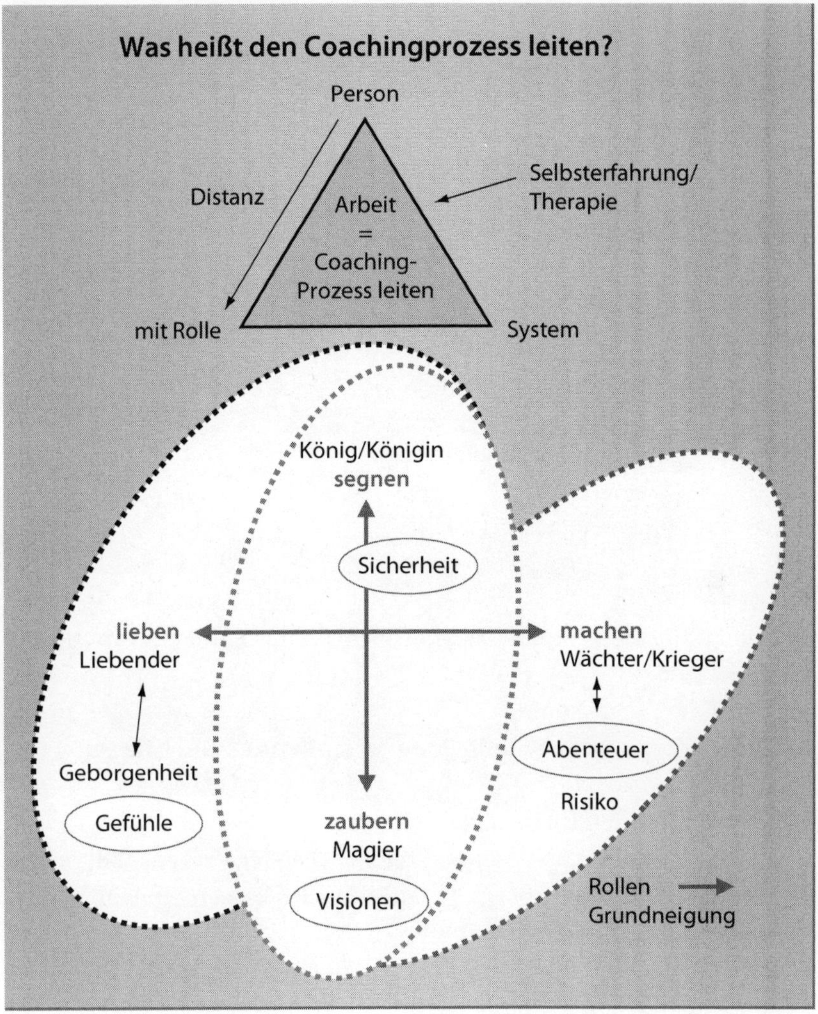
Was heißt den Coachingprozess leiten?
Person
Distanz
Arbeit
=
Coaching-
Prozess leiten
Selbsterfahrung/
Therapie
mit Rolle
System
König/Königin
segnen
Sicherheit
lieben
Liebender
machen
Wächter/Krieger
Abenteuer
Risiko
Geborgenheit
Gefühle
zaubern
Magier
Visionen
Rollen
Grundneigung

1. Welche Rolle spiele ich als Coach?

2. Welche Vorstellung von Veränderung habe ich als Coach?

3. Auf welcher Ebene arbeite ich als Coach?

4. Wie kreiere ich den Prozess?

5. Wie ist der Grad der Beeinflussung ?

6. Welche Techniken verwende ich?

7. Welche Instrumente brauche ich?

8. Welche Themen bearbeite ich?

Sieht man die Heldentypen auch als Projektionsfiguren, so ergibt sich folgendes Bild:

Ein Projektionsspiegel: König, Magier, Liebender und Krieger

Wichtig vor jedem Gebrauch des Projektionsspiegels:

Es geht nicht darum, dass man König, Liebender, etc. ist, sondern dass die göttliche Energie durch einen hindurchgehen kann (Epiphanie), wenn man eine der vier Rollen einnimmt.

1 Der Projektionsspiegel umfasst zwei Gegensatzpaare:
Liebender – Krieger
König – Magier

2 Dann gibt es noch eine *diagonale Polarität*, die man mit Würdigen und Kämpfen umschreiben könnte. König und Liebender sind mit Würdigen beschäftigt, wogegen Krieger und Magier dem Kampf verpflichtet sind.

Man könnte auch sagen, dass Liebender und König auf der einen Seite sind, während Magier und Krieger auf ihre je spezifische Weise dafür sorgen, dass »es« vorwärts geht.

Alle vier Formen können auf zwei Arten »entgleisen«:

Durch die Identifikation mit dem Archetypus entsteht eine Starrheit, ein Hypertrophieren der entsprechenden Energie. Durch die Ablehnung der entsprechenden Energie und durch deren Projektion auf andere entstehen verschiedene Formen von negativen Gefühlen und Haltungen.

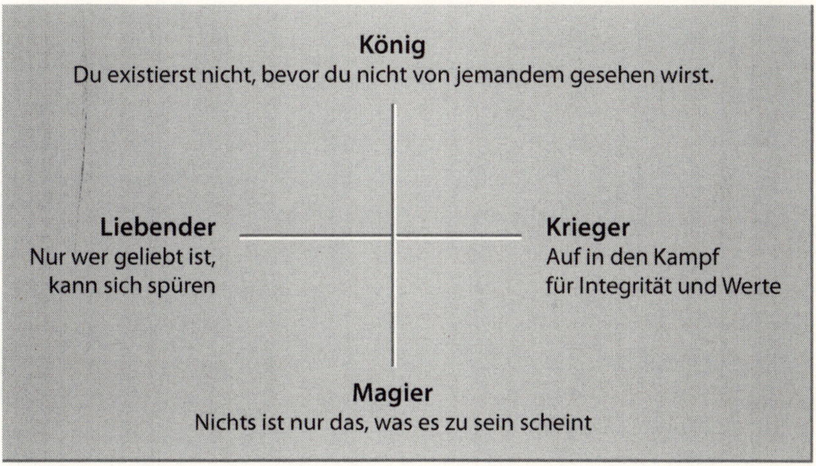

König – Magier

Der König stellt die Verbindung nach oben zum Heiligen her. Er sichert die gerechte Ordnung (du hast einen Platz in der Welt) und spendet *Anerkennung*, indem er seinen Segen gibt (ich sehe dich). Er nennt die Dinge beim Namen und stellt damit die Ordnung des Kosmos her und dar.

In der pathologischen Entgleisung ist er entweder *Tyrann*, der panische Angst vor dem Neuen entwickelt, der sich in narzisstischer Weise Macht aneignet oder zum Schwächling verkommt, der aus lauter Furcht vor Vernichtung paranoid wird – er dankt ab und unterwirft sich.

Der Magier stellt die *Verbindung nach unten zum Unbewussten* her. Durch Tiefen-Wissen und Rituale (Symbole, Metaphern und Geschichten) transformiert er Realität und heilt Wunden. Bei ihm geht es um Wandlung, Einweihung und Heilung.

Entartet kann er zum *Manipulator* werden, wenn er sich mit der magischen Macht identifiziert. Er wird dann zum Trickster, der sich kontraphobisch beweihräuchert. Wenn er die magische Macht an andere delegiert, wird er zum *Zyniker*, der verzweifelt, weil alles beliebig und trostlos wird; nichts ist dann mehr veränderbar.

Liebender – Krieger

Der Krieger dient aus überpersönlicher Verpflichtung heraus und kämpft mit seinem Schild für den Schutz vor Angriffen auf die Integrität und setzt damit Grenzen und kanalisiert Energie. Mit seinem Schwert kämpft er für Werte, für die Klarheit des Denkens, für die Fokussierung von Aufmerksamkeit. In einer Art »Schulter-an-Schulter-Identität« hilft er dem anderen vorwärts zugehen. Er entlarvt Unsinniges (Rationalisierungen und Pseudowerte) und stellt sich gegen alle Formen von Verführung.

In Polarität zum Liebenden stellt er Distanzierung und Separierung sicher. Wenn er sich seiner Energie bemächtigt, wird er größenwahnsinnig. Hass auf Schwächere erfüllt ihn, er wird zum Sadisten. Wenn er die Kriegerenergie projiziert, wird er kleinmütig, schämt sich seiner Feigheit wegen und kann masochistisch verkommen. Der Liebende hilft dem anderen, »face-to-face-Intimität« zu erleben. Er spürt die Einheit aller Dinge, ist bedingungslos akzeptierend, berührt und lässt berühren, bringt sich und andere mit der Leidenschaft in Kontakt. Er lebt mit dem dritten Auge und Ohr, die nötig sind, um verbunden zu bleiben mit der Einheit des Kosmos. Wenn der Liebende sich mit der Liebesenergie identifiziert, wird er zum Süchtigen, der Angst vor der Verlorenheit bekommt, der Teile als Ganzes sieht. In der Projektion der Liebesenergie wird er leb- und lieblos, entwertet sich selbst und wird depressiv.

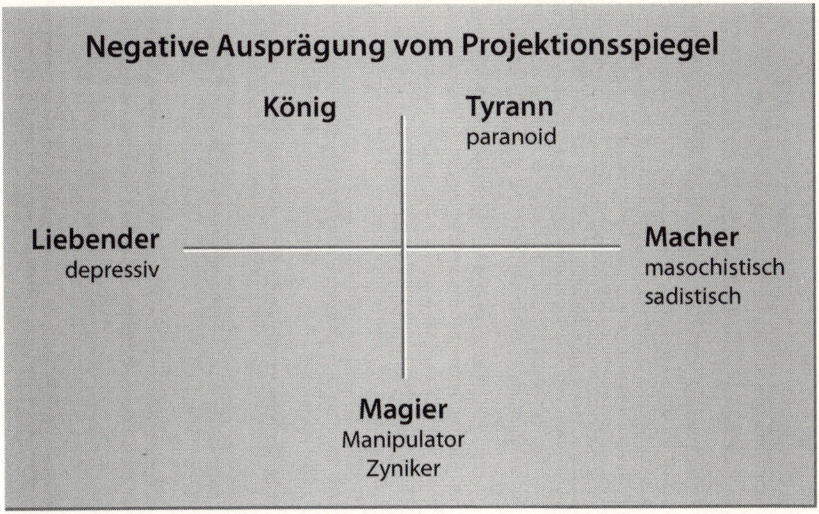

2.4 Neue Formen der Führung

Neben den Führungsansätzen von David Kantor, wie wir sie vorher geschildert hatten, finden sich diverse neue Führungsmodelle oder -verständnisse. Allen gemeinsam ist die Tatsache, dass sie auf »Relationship Building« als Grundvoraussetzung bauen. Bevor wir diese darstellen, listen wir kurz die Hauptherausforderungen heutiger Führung oder heutiger Führungskräfte auf. Sie stammen aus drei Bereichen.

Führung und Informationstechnologie

- Weniger Notwendigkeit für co-location
- Mehr Arbeit in »distributed networks«
- Weniger face-to-face Kontakt
- Mehr Fokus auf Design und Definition von jobs
- Mehr Probleme Performance zu messen
- Neuere Konzepte von Kommunikation, Vertrauen und Kollaboration ohne Ko-location

Führung gegenüber Globalisierung und Multikulturalismus

- Kulturelle Themen rund um Nation, Rasse, Ethnie, Beschäftigung und Organisation
- Mehr Probleme der Kommunikation über die Sprachen hinweg
- Größere Notwendigkeit für eine gemeinsame Sprache
- Größere Notwendigkeit für gemeinsame Konzepte von Autoritäts- und Intimitätsregeln

Führung und heutige Herausforderungen

- Spezialisierung aller Business-Funktionen
- Größere Individualisierung von Karrieren
- Weniger Organisations-Lokalismus (Loyalität)
- Mehr Professionalisierung und Kosmopolitismus
- Größere Flexibilität von skills
- Mehr Vertrags- und Teilzeit-Arbeit
- Mehr Einstellen von Außenarbeit
- Mehr Probleme von alignment, Koordination und Kollaboration

Nach Schein entstehen jetzt auch vier neue Kernkompetenzen guter Führung:

Neue Führungskompetenzen

- Kulturelle Intelligenz und Kompetenz
- Interpersonelle Kompetenz
- Emotionale Kompetenz
- Fähigkeit, Hilfe zu geben und zu empfangen

Führung wird dann speziell zu einem Aufbau von Beziehungen.

Hier ist vor allem die Arbeit von Judi Gittell (2005/2009) zu nennen. Sie hat dies in zwei Büchern über Southwest Airlines und das Hospital von Seattle mit der neuen Art von Zusammenarbeit zwischen Chefchirurg und Teammitgliedern genannt.

Neu ist an diesem Verständnis von Führung, dass nicht der Chef oder die Heldenperson zählt, sondern die Teamfähigkeit des gesamten Teams.

Literatur

SCHEIN, Edgar H. (2009) Führung und Veränderungsmanagement. Mit einem Beitrag von Gerhard Fatzer. Bergisch Gladbach: EHP

SCHEIN, Edgar H. (2010) Prozess und Philosophie des Helfens. Einzelberatung, Teamberatung und Organisationsentwicklung. Bergisch Gladbach: EHP

KANTOR, David (2012) Reading the Room. San Francisco: Jossey Bass

Transformation und Theorie U – aus spiritueller Sicht

Britta Schoenberger

Einleitung

Die Beschreibung von Transformationsprozessen in der neuen Literatur führt uns zu klar formulierten Unterscheidungen und zu detaillierten Analysen, um zu erforschen, wie es kommt, dass die Welt gestern anders ausgesehen hat als heute und wir für morgen auch bereits ein neues Bild von ihr erwarten. Bei der Gewohnheit des Wandels fällt es uns dennoch schwer, ihn zeitgleich zu vollziehen und in der Strömung der Zeit zu bleiben, die allein uns als Wirklichkeitsraum zur Verfügung steht. Diese Spannung von Beharren und Neuwerdung, die wir als eine Lebensspannung kennen lernen wollen, begegnet uns nun auch beschreibbar in der Begleitung von Organisationsentwicklung und Supervision. Als solche interessiert sie uns.

Krizanits hat eine Abhebung von dem Bild der Veränderung angeboten:

> »Der Begriff ›Transformation‹ fokussiert anders als der Begriff ›Change‹, er transportiert auch ein Verständnis von Veränderung im Sinn von radikaler Entwicklung, von Verwandlung, Grenzüberschreitung – und mit der Idee der Nicht-Linearität, der unerklärlichen Zwischenstadien und Umwege und der Nicht-Vorhersagbarkeit von bahnbrechenden Entwicklungen. Transformation, das ist das, was herausgekommen ist, wenn die Raupe zum Schmetterling geworden ist, die Kaulquappe zum Frosch.« (Krizanits 2005, 72)

Während *Change* (Veränderung) sich vielfach auf der Verhaltensebene anbahnen lässt, haben wir es bei *Transformation* mit einem intensiven Wandlungsprozess zu tun. Die aufgezeigten Parallelen aus der Entwicklung von Tiergattungen sollen uns illustrieren, wie umfassend eine Neugestaltung vollzogen wird.

Die Menschenschöpfung, wie sie 1. Mose 1,27 beschreibt, gibt uns einen Hinweis auf die Grundkonstitution von uns Menschen: »Und Gott schuf den Menschen zu seinem Bilde …« Das Abbild Gottes wird in eine materielle Erscheinung gefügt. Die reine Essenz, das Wesenhafte, das Menschhafte bekommt eine reale körperliche Existenz. Das Zusammenfügen von Bild und Körperlichkeit kreiert ein lebendiges Wesen. Der Tod dieses lebendigen Systems wäre demnach die Trennung von Bild und Leib.

Im Römerbrief des Paulus lesen wir: »Denn der Sünde Sold ist der Tod« Römer 6,23). Übersetzt in unseren Zusammenhang, könnten wir sagen: Die Konsequenz der Trennung ist der Tod. Tod ist somit nicht das Nichtseiende, sondern das Getrennte. Essenz und Existenz fallen wieder auseinander.

Das Wesenhafte könnte sich aber wieder neu inkarnieren, es könnte einen neuen Leib gestalten. Wir hätten dann wieder ein neues lebendiges System, aber eben ein anderes. Das Bild des Menschen verschwindet nicht, sondern löst sich nur ab von der bestimmten materiellen Struktur. Die Materie geht ebenfalls nicht verloren, sie wandelt sich nur gemäß den Gesetzen des Zerfalls.

Es bleiben also sowohl Bild, als auch Leib anwesend. Nur eben getrennt voneinander und somit unidentifizierbar und unlebendig. Der Tod ist die Trennung.

Wenn das Bild einen neuen Körper bekommt, sprechen wir von einem neuen Menschen. Er trägt einen eigenen Namen. Wenn nun der Körper ein anderes Bild bekommt, sprechen wir von Transformation.

Transformation ist also das Geschehen, dass ein existierendes lebendiges System, sich gemäß einem neu übertragenen Bild gestaltet, ohne dass der Lebensfaden abreißt.

Wie vorher erörtert, bedeutet die Trennung von Bild und Körper den Tod. Nun aber erfahren wir von der Möglichkeit der Wandlung hin zu einer neuen Erscheinung, ohne dass der Lebensprozess unterbrochen werden darf.

Eine augenfällige Transformation bei uns Menschen ist die Pubertät. Das kindliche Bild weicht und die erwachsenen Züge tauchen im Gesicht und der Gestalt auf, ohne dass der Jugendliche zwischendurch stirbt.

Die Transformation ist also die geheimnisvolle Kunst, schleichend und zeitlich genau abgestimmt ein Bild zurückzuziehen, während das neue Bild immer stärker Raum einnimmt und die Lücke nahtlos schließt, so dass kein

Informationsmangel im System auftritt. Diese Neubildung trägt wie alle Prozesse die Gefahr der Blockade, der Verzögerung, der Unterbrechung und der Verhinderung in sich. Sollte nur ein minimaler Abriss in der Verbindung von Bild und Leib entstehen, droht die Todesgefahr.

Jede Transformation ist demnach begleitet von Todesangst.

Es gibt keine Garantie für das Gelingen. Vielleicht kommt aus diesem inneren Wissen auch die Anspannung, die Stimmungsschwankung, die Gereiztheit im Empfinden der Pubertierenden oder anderer Menschen, die sich in Wandlungskrisen befinden.

Transformation ist keine kontinuierliche Entwicklung oder Reifung, sondern die krisenhafte Neugestaltung des vorhandenen Leibes, der durch die Todesbedrohung hindurch zu einem neuen Lebensausdruck findet.

Dieser Prozess braucht Zeit. Als Zeit steht immer nur die Gegenwart zur Verfügung. Die Vergangenheit ist nicht mehr und die Zukunft ist noch nicht. Es gibt nur ewig das *Jetzt*.

C. Otto Scharmer wählte als Untertitel seines Buches *Theorie U* die Erweiterung: *Von der Zukunft her führen*. (Scharmer 2009)

Ich bezweifle nach meinen Überlegungen, dass wir in die Zukunft sehen können, um dann rückwirkend die Gegenwart zu füllen. Ich vermute eher, dass wir in *unserem Inneren* ein Bild unserer neuen Gestalt gegenwärtig haben. Das heißt, *das Bild liegt in der Gegenwart bereits vor*, sonst stünde es uns ja auch gar nicht zur Verfügung. Das bereits anwesende Bild wirkt dann aufsteigend aus unserem Inneren auf die körperliche Realisierung ein. Wir werden, was wir bildlich bereits sind, und handeln in die Gegenwart hinein. Daraufhin entfernt sich das Vollzogene wieder von uns und entschwindet von uns weg in die Vergangenheit. Schlussfolgernd müssten wir annehmen, dass die *Zukunft* nicht vor uns liegt, sondern *als Information gespeichert in uns*. Je weiter innen, desto zukünftiger. Die Vergangenheit liegt entsprechend nicht hinter uns, sondern außerhalb von uns. Je weiter außen, desto länger vergangen.

Die moderne Astrophysik würde mit ihren Beobachtungen diese These bestätigen. Die Vergangenheit ist in den entfernten Lichtwellen bereits untergegangener Sterne sichtbar. Je weiter weg die Sterne aufscheinen, desto länger sind sie bereits untergegangen. Es gibt aus der Perspektive des Universums keinen äußeren Anblick des Zukünftigen. Dieses kann folglich nur aus dem Inneren kommen.

So müssen wir uns, *um von der Zukunft her zu führen, nach innen wenden*. Auf diesen Zusammenhang werde ich später noch zurück kommen, um das Konzept der *Intravision* zu erläutern.

Die Konfrontation mit der Todesbedrohung ist der Anteil am Transformationsprozess, der Angst macht, so dass er als bewusster Gestaltungsweg erst gewählt wird, wenn es einen drängenden Auslöser gibt. Zunächst sollen einfache Handlungsänderungen oder Aktivierungsprogramme die Situation wieder zum Guten wenden

Im Beratunsgeschehen gehen wir davon aus, dass Krisen der Anlass sind, überhaupt Beratung in Betracht zu ziehen. Alte Verhaltensweisen greifen nicht mehr, um die berufliche Situation erfolgreich bewältigen zu können. Zusätzliche Ressourcen und Strategien müssen zugänglich gemacht werden. Die Konfrontation mit dem eigenen Scheitern verläuft dabei emotional parallel zu persönlichen Misserfolgen.

Es zeigte sich dabei eine Komponente im menschlichen Vorgehen, die eher reaktiv ist als progressiv, so »… kommen wir eben weniger dadurch in Veränderung, dass wir von dem Neuen fasziniert sind, das wir schaffen wollen, als durch Abgestoßensein von einer gegenwärtigen Realität, die meist erst bedrohlich werden muss, um einen Veränderungsprozess zur Bewältigung der schlechten Nachricht veranlassen zu können.« (Krizanits 2005, 72).

Nicht nur emotionale, sondern auch geistige Bewältigung ist nun gefordert. Urteile, Zynismus und Furcht müssen überwunden werden, ebenso wie vorschnelles Aufgeben und übertriebene Vorsicht. Hinderlich sind auch lähmende, endlose Analysen und bodenlose Gespräche.

Wenn alle bewussten Möglichkeiten der Veränderung ausgeschöpft sind, ohne eine Lösung herbeigeführt zu haben, zeigt sich die Notwendigkeit einer Transformation.

Hier bekommen wir eine Ahnung, warum umfassende Wandlungsprozesse uns schwer fallen. Anders als den Tieren, die ihre Transformationen instinktiv und gebunden in rhythmisch ausgelösten Vorprägungen vollziehen, haben wir ein beobachtendes Bewusstsein, das zu sich als lebendes Wesen Stellung bezieht und willentlich eingreifen kann. Die eigene Identität und auch das Bild der eigenen Identität stehen auf dem Prüfstein, wenn wir uns Transformationen überlassen. So ergeht es dem lebenden System, das in der Lage ist, sich selbst zu beobachten.

> »Transformationen in Organisationen und auf personaler Ebene haben vieles gemeinsam; sie verändern in beiden Fällen wesentliche Elemente der Identität.« (ebd., 73)

- Mit welcher Kraft lässt sich nun eine Identitätsveränderung ertragen, hinnehmen, mitgestalten, forcieren, erahnen, verweigern, blockieren, stoppen, wünschen ...?
- Und welche Möglichkeiten gibt es überhaupt sie inhaltlich und zeitlich zu erkennen?
- Können wir als schöpferische Wesen nicht vielleicht sogar förderlich mitwirken, um aus dem Wandel den größten Gewinn zu erzielen, die kunstvollste Ausprägung zu gestalten?
- Was ist der Preis, wenn wir den Kontakt zum Fluss des Lebens verlieren, der uns den Wandel abverlangt?
- Was bedeutet Freiheit in diesem Kontext?
- Welche Anlage in uns bereitet uns als natürliche Lebewesen auf Transformation vor?
- Woher kommt der Inhalt unserer Sehnsucht?
- Wie können wir eine Fähigkeit und Kraft beschreiben, die uns Transformation wollen lässt?
- Welche Wahl haben wir?

Solche und ähnliche Fragen stehen am Beginn der Betrachtung von modernen Bedürfnissen, umfassende Wandlungsprozesse im beruflichen Feld zu steuern.

Es geht in diesem Buch um die Rezeption längst bekannter religiöser Geschichten. Um das Aufspüren ihrer Weisheitsaussagen als Antworten der Menschheit auf diese permanenten Anforderungen und den Versuch, sie neu sprachfähig zu machen, so dass wir aus dem Vergangenen in die Gegenwart schöpfen, was uns die Zukunft konstruktiv mitgestalten lässt, so dass Wohlgefühl und Friede tragende Empfindungen werden können.

Im Folgenden beschreibe ich den Transformationsprozess, wie er von *Scharmer* seit Jahren entwickelt wurde und 2009 übersetzt herausgegeben werden konnte, in der eigenen Rezeption.

I. Herunterladen

1. Der Transformationsprozess

(Scharmer (2009), Schaubilder S. 62, 64, 66, 69)

Es werden drei Bewusstwerdungsschritte unterschieden, die sich an ihrer Grenze überschneiden. Sie lassen sich in sieben Phasen darstellen.

(1) I–III **Zusammen spüren**

(2) III–V **Gemeinsame Inspiration erleben**

(3) V–VII **Zusammen kreieren**

Das Durchschreiten von drei Räumen ermöglicht ein Wahrnehmen, Wertschätzen und Zurücklassen von gewohnten Handlungsmustern, Denkweisen und Emotionen, indem es sich auf die Weitung des gedanklichen und emotionalen Horizontes einlässt und über den Raum der Stille in die Gegenwart und das Selbsterleben führt. Erst danach öffnen sich kreative Felder, die zukünftige Möglichkeiten offenbaren und konkreter werden lassen.

Die einzelnen vertiefenden Schritte sollen nun genauer definiert werden:

(I) Herunterladen

Auf der Handlungsebene sind wir geneigt, alte Handlungsmuster auf neue Situationen anzuwenden. Wir folgen den früheren, vielleicht gelungenen,

Erfahrungen und verharren in *defensiven Routinen* (Argyris 1993, 129), die wir noch verstärken, um ein Scheitern abzuwenden. Dieses Agieren aber führt nicht mehr weiter. **Innehalten** ist der erste Schritt, um die *eingeübte Inkompetenz* (ebd.) zu unterbrechen.

Damit öffnet sich ein noch unbekannter Raum, in den alle zunächst hinein horchen, um aufzunehmen, was aus ihm aufsteigen will. Alle Beteiligten sind eingeladen, bereits im Beginn des Prozesses dabei zu sein.

(II) Hinsehen

Die Systemblindheit wächst von innen her, ohne dass wir uns dessen bewusst sind. Hier bedarf es einer zusätzlichen Erweiterung von Außenwahrnehmungen, die in ihrer Detailanalyse wieder mosaikhaft zusammengesetzt werden können. Dazu ist aber eine Öffnung des Denkens im eigenen Verstehen und Bewusstwerden unumgänglich.

Es braucht eine Freiheit im Denken, um übersehene Wahrnehmungen aufzunehmen und zu integrieren. Dazu müssen die Stimmen, die bereits Urteile fällen, überhört werden, da sie sich ja auf vergangene Erfahrungen berufen. Eher braucht es einen Raum für Fragen und Überraschung. Die Perspektivenerweiterung führt zu einem inneren **Umwenden** und bereitet den nächsten Schritt vor.

(III) Hinspüren

Die Konfrontation mit den eigenen Empfindungen steht an, auch mit den schmerzlichen oder irritierenden, den abgelehnten oder geleugneten. Dazu ist die emotionale Intelligenz gefordert und eine Öffnung des Fühlens angezeigt. Hier braucht es die Freiheit zu fühlen, zu empfinden und das Ganze der Erlebnisse zu spüren. Als Resultat ist das Loslassen von Einsichten, Glaubenssätzen, Einstellungen und ähnlichem anzugehen. Das ist ein schwerer Schritt, da Kontrollverlust und Desorientierung drohen und wir in tiefe Schichten der eigenen Persönlichkeit vordringen, die uns sonst eher unbewusst steuern oder spontan auf uns einwirken. Um das Herz öffnen zu können, braucht es ein Klima des Vertrauens und der gegenseitigen Wertschätzung und Zuneigung.

Hier sind wir bereits im Beginnen des Kommenden angelangt, das gemeinsame spüren rundet sich ab. Das nun Gespürte ist gewürdigt und kann über das **Loslassen** in die Vergangenheit entlassen werden. Die Inspiration findet einen vorbereiteten inneren Raum auf.

(IV) Gegenwärtig sein

Wir sind genau im Nadelöhr des Prozesses angelangt. Die Transformation oder Umstülpung hat hier ihren Scheitelpunkt der Talsohle erreicht. Hier endet der Einfluss des Vergangenen, es gibt einen Ort der Ruhe, des regungslosen Verharrens, der absoluten Bewusstheit von Gegenwart. Hier öffnet sich der Wille. In das Bewusstsein dringen Bilder aus der Ebene des Unbewussten. Das Selbst sprudelt wie eine Quelle als Intuition in die eigene Wahrnehmungsfähigkeit. Mit dieser **Quelle** kann man **sich verbinden** und aus dem Raum der Zukunft neue Eindrücke **kommen lassen**. Das Leben selbst scheint in seiner Möglichkeit auf. Hier braucht es die Freiheit der Demut dem Größeren gegenüber und die Fähigkeit, mit der umfassenden Kraft verbunden zu sein und mit ihr in Kokreation zu treten.

(V) Verdichten

Noch immer ist die Inspiration andauernd. Dem präsentischen Bewusstsein strömen aus dem noch Zukünftigen Ahnungen, Optionen, Visionen und Ideen entgegen, die sich erst allmählich verdichten und zu Eindrücken kristallisieren. Das Kommen-Lassen darf noch keinem Zwang der Realität gebeugt werden. Die schemenhaften Bilder wollen sich noch frei entfalten und sammeln. Die Offenheit für das Vorläufige, Ungreifbare, Schwebende ist gefordert. Das in der Empfindungswelt Aufgenommene will Inhalte **hervorbringen**. Mit dieser Stufe aber beginnt die Neuschaffung. Sie kann von wenigen Menschen ausgehen und viele ansprechen.

(VI) Erproben

Was zuvor noch Idee war, gewinnt nun an konkreter Gestalt dazu. Der Raum des Verstandes wird zurückgewonnen und will sich ordnend und ausprobierend betätigen. Auch die Weisheit des Herzens will weiter wirken und sich mit den Fähigkeiten des schaffenden Menschen verbinden. Erste Versuche der Realitätstauglichkeit können im Experimentierfeld durchgespielt werden. Risiken und Möglichkeiten werden einschätzbar.

Versuche im konkreten Feld füllen die Möglichkeiten mit Wirkung. Die **Verkörperung** in die umgebende Wirklichkeit hinein steht bevor.

(VII) In die Welt bringen

Die Erfahrungen aus den Experimenten sind ausgewertet und die konkrete Handlungsanweisung liegt vor, um sich im Aktionsraum zu bewähren. Die neuen Handlungsstrategien sind formuliert und werden eingesetzt, um der veränderten Situation nun gerecht werden zu können. Die Umsetzung fordert aber einen neuen Standort. Die Menschen brauchen die Freiheit, flexibel auf die Situation zu reagieren und Aufgaben multidimensional zu übernehmen und nicht an hierarchischen Verteilungen enden zu müssen.

Der Transformationsprozess findet hier seinen Abschluss.

2. Transformation als Bewegung des Lebens

Der Gedanke, dass Transformationsprozesse die Bewegungen des Lebens spiegeln, veranlasste mich dazu, sie inhaltlich im religiösen Bereich, abgebildet in biblischen Texten, zu vermuten und andererseits, auch diesen Text gemäß dem Konzept zu gestalten.

Der Aufbau entspricht also einem Transformationsprozess, dem ich mich als Autorin selber aussetze, um zu erforschen, ob sich im Durchlaufen dieser Schritte, aus vergangenen Erfahrungen, die erweitert und emotional nachempfunden werden, auch wieder inspiriert nach dem Erleben eines Bewusstwerdungsprozesses neue Einsichten herauskristallisieren und zukunftsfähige Gedanken kreieren, die sich auch auf moderne Fragestellungen experimentell anwenden lassen, um sogar ein weiterentwickeltes Konzept bereitzustellen. *Phase I. Herunterladen* war die Rezeption des U-Prozesses nach Scharmer.

II. Hinsehen

Seit der Begegnung mit dem Modell für Transformationsprozesse nach Scharmer erscheinen mir die entsprechenden Phänomene auf unterschiedlichen Ebenen des Seins. Angefangen bei den Beobachtungen der Entwicklung von Insekten. Unzählige Gattungen sind auf eine Verpuppung angewiesen, die aus einer krabbelnden oder schwimmenden Larve ein fliegendes Wesen in schillernden Farben macht. Eine Verwandlung vollzieht sich im inneren Prozess bei scheinbar äußerlicher Reglosigkeit. Im Moment der äußersten Ohnmacht und Stille geschieht das Wunder der Neuwerdung und es folgt das Hinaustreten in veränderter Erscheinungsweise, die allmählich erprobt und dann immer flüssiger ausgestaltet wird, bis hin zur Kreation von eigenen Nachkommen, in denen sich die gleiche Transformation wieder vollziehen wird.

Verfolgen wir die Wandlungsfähigkeit höherer Tierarten, so sehen wir im Frosch ein Beispiel für einen sichtbaren allmählichen Transformationsprozess von der schwimmenden Kaulquappe zum springenden, atmenden Frosch.

Wir selbst beginnen unsere Existenz auch im Wasser, atemlos und eingebettet im nährenden Mutterleib. Mit der Geburt wird diese Routine durchbrochen und verlassen. Das ganz Neue beginnt. Der Geburtsvorgang selber untersteht nicht dem Wollen, sondern geschieht vegetativ gesteuert gemäß den Strukturen des Lebens. Das Kind wird in eine vollständig veränderte Umwelt hineingeboren, muss Herz und Lunge weiten, Atemluft einströmen lassen und sich auch auf einen Ansturm von Sinneswahrnehmungen einlassen, die einen aufmerksamen Geist herausfordern, der ordnet und einprägt, deutet und mit Impulsen antwortet. Allmählich werden neue Handlungsweisen entdeckt und erprobt, bis sich die geeigneten durchsetzen und etablieren.

Transformation scheint mir die Bewegung des Lebens selbst zu sein. Sie ist eingeprägt in unsere Erfahrung und bietet sich als Struktur des Wachstumsprozesses in sensiblen Zeiten wieder an. Die erste intensive Wiederholung erleben wir in der Pubertät. Ein Kind wird Mann oder Frau. Auch hier sind wir dem Geschehen ausgesetzt und müssen uns der Weisheit des Lebens überlassen. Dieser Weisheit bewusst zuzustimmen und den Wandlungsprozess aktiv zu fördern ist der Anteil, der bei uns als verantwortungsfähigen Wesen liegt.

Hier begegnet uns ein Freiraum, der uns zu Kooperation und Mitgestaltung einlädt. Wir können uns auch verweigern und Entwicklung blockieren. Die Lebensenergie sucht sich dann Umgehungskreisläufe und bildet Symptome aus, die anzeigen, dass wir der natürlichen Entwicklung nicht gerecht wurden.

Wir sehen, dass es mit fortschreitendem Alter und bei komplexerer Entwicklungshöhe zu einem Zusammenwirken von transformatorischem Geschehen und aktiver, bewusster Zustimmung in Haltung und Tat kommen muss. Das bloße Geschehen-Lassen genügt alleine ebenso wenig wie das aktive Tun. Beide Seiten sind für ein Gelingen aufeinander angewiesen.

Die Menschen also sind aufgefordert zu lernen, wie das Leben durch sie in individueller Weise geschehen will. Hier nun braucht es eine neue Kompetenz. Ich nenne sie **Intravision**, sie ist nach meiner Einschätzung die Kernkompetenz des Menschen. In intuitiver Schau, die Handeln, Fühlen, Denken, Wollen mit einbezieht, formen sich relevante Bilder des gegenwärtigen Lebens, die über die seelische Wahrnehmung in das Bewusstsein drängen und dort nach geistiger Aufnahme verlangen. Die aktuellen Lebensbilder wirken sich daraufhin kreativ auf die Handlungen in der Welt aus und optimieren diese weiter.

Intravision ist vergleichbar dem instinktiven Reagieren der Tiere auf interne und externe Impulse, nur eben auf höherer Ebene, die den willentlichen Freiraum mit einbeziehen muss. So können wir auch zusammenfassen:

Intravision ist die Fähigkeit, sich immer wieder besonders auf die Phase des Präsentseins im Transformationsprozess einzulassen, um das Leben in einer Weise mitzugestalten, die dem Fluss des Seins entspricht.

Wollen wir diese Überlegungen für die *beratende Arbeit* fruchtbar machen, braucht es eine Übersetzung von Lebensbeobachtungen auf ihr inhärentes Prinzip. Die existenziellen Vollzüge müssen in ihrer Wesenhaftigkeit beschrieben und begreifbar werden. Eine strukturierende Landkarte hilft dann prospektiv auch dazu, klärende Prozesse schrittweise einzuordnen und zu verstehen. Die Landkarte wird wie ein roter Faden einsetzbar, der die Erscheinungswelt des Supervisanden überschaubarer werden lässt. In organischer Abfolge können Phänomene beschrieben werden, bis sie ihren Inhalt offenbaren und Hinweise geben auf den Gesamtzusammenhang.

Aus den Perspektivteilen entsteht im Verlauf des Prozesses ein Gesamtbild mit Struktur, Dynamik, Umgebungsbezügen und Hintergrundebenen. Die Hoffnung ist nun zusätzlich, aus der Vertiefung von Verstehen und Einbezug der emotionalen Qualitäten noch einen Schritt weiterzugehen und sich in einen Raum der Stille zu begeben.

Das Hineinbegeben selbst ergibt sich aus der Zustimmung zu der Erkenntnis, dass der Transformationsprozess eine Lebensbewegung beschreibt, die zukunftsfähig macht. Es braucht dafür allerdings eine zusätzliche Bereitschaft, sich auf das Unverfügbare einzulassen. Die Begegnung mit dem dort vermuteten *Unbedingtem, dem Unverfügbaren, dem Heiligen* ist immer auch ein Risiko, ein Geschenk, eine Gnade, eine unkontrollierbare Einwirkung, eine Überflutung, ein unlösbares Geheimnis, eine sich auch entziehende Kraft, eine ohnmächtig erlebte Bildaufnahme … hier könnten wir noch lange fortfahren.

Spürbar wird, dass wir uns hier einem Bereich nähern, der früher als ein spiritueller Raum angeschaut wurde, in den man nur vorbereitet und mit Erlaubnis eintreten durfte. Ausgewählte Menschen übten oft jahrelang rituelle Wege ein, um sich auf eine Gottesbegegnung vorzubereiten. Sie bewahrten diesen Raum, schützten ihn vor Erstürmung und kontrollierten auch den Einlass. Für die interessierten Menschen boten sie Begleitung und Anleitung, sich zumindest in dem Ausstrahlungsraum des Heiligen zurecht zu finden.

Die ursprüngliche Rolle, den Raum der Gottesbegegnung zu hüten, war die des *Priesters*. Er oder auch sie widmeten sein/ihr Leben dem Auftauchen des Heiligen und der Verortung der überflutenden Lebenskraft ihrer Gottheit. Mit der Sesshaftigkeit einer Gemeinschaft wurde dieser Raum auch im Tempel oder einer Kirche tatsächlich sichtbar und betretbar.

Während der Priester oder die Priesterin die Pflege dieses Raumes übernahm und für die Gemeinschaft den Kontakt mit der Gottheit aufrecht erhielt, konnten sich profane Menschen bei Bedarf nähern und zum Beispiel Weisung empfangen, Aussöhnung anstreben oder auf Träume warten. Hier waren die Priester kundige Begleiter. Sie bildeten auch anleitend ihre Nachfolger aus. In allen religiösen Gemeinschaften gibt es den Status des Meisters, der selbst alle Initiationen auf dem spirituellen Weg überstanden hat und nun in der Lage ist, auch lehrend religiöse Übungen auf jeden individuell Lernenden abzustimmen und deren Initiation vorzubereiten. Denken wir an die verschieden gestuften Priesterweihen im katholischen Raum, so haben wir die entsprechenden Ausprägungen bis heute. Die Arbeit der Priester und Priesterinnen vollzog sich eher im geordneten Rahmen einer Gemeinschaft, die ihren Lebensaufgaben gewachsen war und deren Vollzüge gelangen.

Bei einer eventuellen Krise allerdings trat eine andere Gruppierung auf: die *Propheten*. Sie wurden zuständig, wenn eine neue Gottesoffenbarung erwartete wurde, die den Weg aus der Krise in eine neue Ordnung weisen sollte.

Die Priester wirkten eher bewahrend und kontrollierend. Die Propheten dagegen waren intuitive Rebellen, Visionäre, persönlich von ihrem Auftrag In-Beschlag-Genommene. Ihre inneren Bilder trugen sie eventuell auch gegen ihren eigenen Widerstand und gegen die herrschenden Vorstellungen des etablierten Gesellschaftssystems. Manchmal wurden sie deswegen missachtet, gefürchtet, missverstanden, verfolgt oder umgebracht.

Während die Gemeinschaft im Wiederholen früherer Routinen versuchte, ihre Sicherheit zurück zu gewinnen, forderten sie den Aufbruch zu neuen Ufern. *Propheten waren Hervorsager ihrer intuitiven Bilder und damit Vorhersager kommender Ereignisse, die sich bereits erahnen und schlussfolgern ließen.*

Der in der Krise schauende Prophet hatte die Fähigkeit der **Intravision**, er war Seher und Medium, Wahrsager und Träumer, Bildempfänger und Bildbeschreiber. Manchmal versuchte er durch Zeichenhandlungen oder an seinem eigenen Leib und Leben die geschauten Geschehnisse abzubilden, oft warnend und aufschreiend, oder tröstend und Zuversicht verbreitend.

Persönlich war der Prophet machtlos, randständig, arm, einfach, eigentlich mit einem anspruchslosen Broterwerb beschäftigt, ohne Status und Einfluss. Seine persönliche Entwicklung war die eines Mutanten, der sich nicht in die Gemeinschaftsordnung einfügen ließ und in sich eine Kapazität für ein neues Bewusstsein trug.

Vorbereitet zu sein, ein neues Bewusstsein in das individuelle Bewusstsein aufnehmen zu können, ist überhaupt das Wunder des Menschseins in seiner Struktur. Der individuelle Geist ist geöffnet für die Inspiration durch den *Heiligen Geist*. Aus dem Pfingstgeschehen erfahren wir, dass der Mensch als solcher diese Kompetenz als Anlage in sich trägt. Sie ist erfahrungsgemäß aber sehr unterschiedlich ausgeprägt und genutzt.

Als *Hypothese* können wir formulieren, dass *der Impuls zur Weiterentwicklung der Menschheit aus dem Heiligen Geist in den menschlichen Geist einströmt und dort neue Inhalte aufscheinen lässt, die es vorher noch niemals gab, die noch nie geschaut, gesagt oder gelebt wurden.* Dieses Einströmen geschieht persönlich, so dass besonders empfängliche Personen zuerst diesen neuen Inhalt benennen. Natürlicherweise wehren sich alle anderen dagegen, die an den vereinbarten und gewohnten Inhalten festhalten wollen und die Unsicherheit ihres Verlustes fürchten. Der Inhalt selbst ist aber fordernd und drängt ins Leben, er will wirken und zur Wirklichkeit werden, er mündet bei Ablehnung in Symptome, da sich seine Energie nicht mehr stauen lässt und Formen des Erscheinens besetzen muss.

Der *Symbolweg* des konstruktiven Lebens wird zum *Symptomweg* destruktiver Ersatzvollzüge. Die Unterscheidung zwischen Symbol und Symptom fällt schwer, da es noch keine Erfahrungen für das Kommende gibt. Hier ist der Scheideweg, die Wegkreuzung, das Risiko zwischen Gelingen und Scheitern, Stimmigkeit und Verirrung, Sein und Schein, Freiheit und Zwang, Harmonie und Dissonanz, Ergebung und Widerstand, Weisheit und Wahnsinn, Gut und Böse, Gottesdienst und Teufelsanbetung, Leben und Tod …

Der Mensch entscheidet nicht über den Inhalt, das *Was*, des Kommenden, wohl aber über die Form, das *Wie*, seiner Erscheinung. Hier liegt die Freiheit und Würde des Menschen. Hier hat er die Wahl und die Entscheidungskompetenz, hier ist er gerufen und soll antworten. Die Verantwortung liegt also in dem Antworten auf den Besitzanspruch des Heiligen nach Wirklichkeitswerdung. Der hörende und empfangende Mensch kann Ja oder Nein sagen gegenüber diesem Anspruch, er kann aber nicht ausdenken oder bestimmen, was sein soll. Religiös gesprochen: Gott offenbart seinen Willen, der Glaubende erfüllt ihn frei und in Übereinstimmung. Der Ungläubige verweigert sich und versucht den Gotteswillen zu verhindern.

Dadurch öffnet sich nur ein Umgehungsweg, der vielleicht zunächst subtil unterläuft oder destruktiv überschwemmt, um sich dann doch

Wirkraum zu verschaffen. Der Zwang des Symptoms besetzt die Zeit und sucht nach Erlösung hin zum Symbol. Es braucht den Erlöser, der den Ursprungsweg in sich und bei anderen wieder frei legt, um den Gotteswillen heilsam einströmen zu lassen und dem Leben sein Flussbett wiederzugeben.

Der *Erlöser* ist die Figur, die auftritt, wenn die prophetische Weisung oder Warnung missachtet wurde und die destruktive Katastrophe bereits eingebrochen ist und beginnt, Leben zu verschlingen. Die ersten Opfer sind schon zu beklagen, die Zerstörungsenergie ist immens, der Untergang droht, alle profanen Mittel sind erschöpft. Die Panik verstärkt die Desorientierung, das System droht zu kollabieren. Die intuitive Schau, die Intravision in den inhaltlichen Gotteswillen wird unter Zeitdruck herauf beschworen. Doch bleibt dieser Raum trotz Not unverfügbar und jede Offenbarung geschieht nur aus der Freiheit des Heiligen in die Freiheit des Einzelnen hinein.

Der Erlöser kann also nur noch ein individuell sehr unabhängiger, freier, mutiger, starker, kompromissloser, offener, unbestechlicher, Visionär sein, dem sich die heiligen Räume außergewöhnlich intensiv zumuten und öffnen. Von dem Heiligen aus muss gleichzeitig eine Bereitschaft bestehen, die anstehenden Inhalte, aus dem unverfügbar Verborgenen in das aufnehmbar Offenbare sinken zu lassen.

Himmel und Erde müssen sich sozusagen in einem Menschen vollständig zusammenfinden. Göttliches mit Menschlichem so verschmelzen, dass das sich Offenbarende anschaulich wird, indem es an dem Leib des Trägers der Botschaft selbst haftet. Der Träger des Logos = des neuen Bildes, muss selbst Logos sein, um noch eingreifen zu können. Für alle schwächeren Übermittlungen ist es bereits zu spät.

- Der *Erlöser* ist also der Mensch, der sichtbar und nachvollziehbar Transformation lebt.

- Der *Prophet* ist der, der Transformation verkündet, da er eine intravisorische Schau empfangen hat.

- Der *Priester* ist der, der die vollzogene Transformation in Geschichten bewahrt und in Riten wiederholbar macht.

- Der *König* als zusätzlich notwendige Person ist demgegenüber der Mensch, der Transformation durchführt und anordnet, nachdem er die Worte des Propheten vernommen hat.

Kehren wir in die heutige Wirklichkeit zurück und übersetzen die religiöse Bildsprache zurück in unseren supervisorischen Kontext, ergeben sich folgende Schlussfolgerungen.

Jeder Mensch hat eine innere Information über sein Sein und seine zeitlichen Entwicklungen, sie ist in den Genen gespeichert. Diese Informationen steigen aus dem Empfinden in das Bewusstsein des Menschen und wollen aus der träumenden Option zur Wirklichkeit werden, wenn es soweit ist.

An Übergangsstellen zu einer neuen Entwicklung kann es zu Krisen kommen, die nach einem größeren Vertrauen und Wahrnehmen verlangen, damit das Kommende aufgenommen und angenommen werden kann.

Betrachtet man nun eine *Organisation ebenfalls als ein lebendiges System*, so liegt die Vermutung nahe, dass es auch in ihr inhärente Strukturen und zeitliche Entwicklungen gibt, die noch schlummernd sich irgendwann in eine Dynamik der Verwirklichung begeben. Wenn die Verwirklichung vollständig gelingt, ist das System lebensfähig. Wenn aber wesentliche Inhalte ausgelassen werden, bricht der Kontakt zur umgebenden Wirklichkeit genau an diesen Stellen ab. Das System besteht noch weiter, entwickelt sich aber zunehmend in eine Richtung, die in Distanz zur Wirklichkeit gerät. Je größer die Distanz wird, desto stärker entwickelt sich die Lösungsspannung, die in Störungen erlebbar wird und als Ahnung einer drohenden Krise im Empfinden des Systems, vielleicht bei einzelnen Mitarbeitern, auftaucht. Hier ist die Leitung gefordert, früh genug auf Irritationen und Störungen zu reagieren. Ein Frühwarnsystem im Bereich der internen Kommunikation wäre sehr hilfreich. Erste Umorientierungen könnten korrigierend greifen, ohne dass es zu einer massiven Krise kommen muss. Bei Nichterkennen, Verschweigen oder Leugnen droht die Eskalation. Eine Lösung muss dann unter immensem Zeitdruck gefunden werden oder es muss eine Neuausrichtung erfolgen. Eine Transformation steht an. Ein anderer Auslöser für eine Transformation ist eine unabsehbare, sprunghafte Entwicklung in der Umgebung, die plötzlich eine andere

Produktionsweise ermöglicht oder vollständig veränderte Bedürfnisse hervorruft. Auf diese außerordentlich anspruchsvolle Situation braucht es eine geeignete Antwort, auch hier können Transformationsprozesse dazu dienen, diese zu kreieren, da sie aus allen Ressourcen schöpfen und der Komplexität mit Multiperspektivität begegnen.

Diesen Prozess zu leiten ist zumeist eine Überforderung für die Führungskräfte. Die Führung, die bisher leitend und anordnend tätig war, kann sich nicht orientieren, da der Blick in die Zukunft nicht direkt möglich ist, besonders nicht, wenn man sonst sich auf die Analyse des Gegebenen zu verlassen gewohnt ist.

Hier ergibt sich nun der Anlass für eine Supervision. Der Supervisor ist der Prozesskundige, er ist eigentlich der Meister des Vollzugs von Übergängen zu einem umfassenderen Lebensbezug. Er ist verantwortlich, dass der Prozess vollständig und in geordnetem Ablauf geschehen kann, so dass alle Beteiligten folgen können, ohne innerlich oder äußerlich dissoziieren zu müssen. Er übersetzt neue Botschaften in gewohnte Sprachmuster und unbekannte Bilder in vertraute Wahrnehmungsweisen. Er ermutigt zum Durchschreiten und unterstützt das Verstehen. Er behält den Überblick über den Prozess und darf sich weder verwickeln noch einbeziehen lassen.

Nun ergibt sich folgende Schwierigkeit: Der *Berater* ist der Prozesskundige und braucht daher einen Überblick, um die Steuerung des Geschehens und die Begleitung der Menschen zu gewährleisten, er bleibt daher in einer inhaltlichen Distanz und kann somit keineswegs zur inhaltlichen Klärung, was geschehen soll, beitragen. Er kann auch das Durchsetzen kommender Entscheidungen nicht verantworten. Er verantwortet nur den Prozessablauf mit all den individuellen Herausforderungen, die sich ergeben, mit der Zeitplanung, die angemessen werden muss und dem Erarbeiten geeigneter Handlungsschritte, die sich stimmig ergeben sollten.

Die *Führungskraft* ist in den Prozess eingebunden und verzichtet während dieser Zeit auf die Kontrolle des Geschehens, da es ja genau darum geht, die gewohnten Routinen aufzugeben und sich auf noch unklare, erst wachsende Entwicklungen neu einzustellen. Die Führungskraft ist aufgrund ihrer Aufgaben und Personenstruktur aber zumeist ungeübt, vielleicht sogar verschlossen gegenüber der intuitiven Schau. Sie ist zwar notwendigerweise beteiligt, aber möglicherweise ungeeignet etwas zur inhaltlichen Klärung beizutragen. Selbst der Einbezug noch weiterer Führungskräfte oder Mitarbeiter garantiert noch nicht die Wahrnehmung auftauchender Inhalte. Eventuell sind auch sie ungeübt in dem Öffnen ihres Bewusstseins und kommen trotz langjähriger Mitarbeit zu keiner unterstützenden Bildaufnahme.

Hier liegt es an der persönlichen Kompetenz der Mitarbeiter, sich auf die Wirkungsfelder im Raum der Stille einzulassen. Unter Zeitdruck wäre es förderlich, einen Experten für die inhaltliche Schau einzubeziehen. Hier wäre der Einsatz des Intravisors anzuraten. Seine Aufgabe ist es, den Prozess innerlich zu begleiten, sich den Stufen des Einlassens anzuvertrauen und bei allen Schritten möglichst präsent zu sein, um mit den Führungskräften und Mitarbeitern den Weg zurückzulegen. In der Hoffnung, dass er durch eine höhere Kompetenz der Bildaufnahme aus dem Unverfügbaren dort ergänzend mitteilen kann, wo der Prozess zwar gelingt, aber inhaltlich keine Wahrnehmung geschieht. Der Intravisor antwortet demgemäß als Experte auf die Sachfrage: Was soll geschehen?

Das Konzept für die Durchführung eines Transformationsprozesses würde dementsprechend die Besetzung von vier Hauptrollen erfordern:

- Der *Berater* verantwortet den Prozess der Transformation.
- Der *Intravisor* verantwortet die inhaltliche Klärung, soweit begreifbar.
- Die *Führungskraft* nimmt die Hinweise auf und verantwortet die Umsetzung in den realen Gegebenheiten.
- Die *Mitarbeiter* führen die geschaute und angeordnete Transformation durch.

Eventuell könnte der Supervisor im Anschluss die Sicherung der Ergebnisse und Integration der Erkenntnisse der Transformation begleiten.

Kritisch könnte man nun anmerken, dass es unserem modernen demokratischen Denken widerstrebt eine derartig hierarchisch strukturierte Vorgehensweise anzubahnen, wo doch wenige ein Handlungskonzept anstreben, dem dann viele einfach folgen müssen.

Gestützt wird das Vorgehen durch die Menschheitserfahrung, dass in

Krisenzeiten durch die Existenznot ein erheblicher Zeitdruck entsteht, der langwierige Abstimmungs- und Findungsprozesse nicht mehr erlaubt und auch der Einbezug von Massen keine tieferen Einsichten garantiert, da es oft nur noch wenigen möglich ist, aus der Panik auszusteigen und sich vertrauensvoll dem Geschehen zu öffnen. Die Wandlungen in der Menschheit wurden auch immer von Einzelnen vorgebahnt, und es dauerte lange, bis die anvisierten zukünftigen Bewusstseinsinhalte von dem Großteil der Gemeinschaft nachvollzogen und umgesetzt werden konnte. Viele Menschen verloren auch den Anschluss und blieben zurück. Erst die folgenden Generationen waren in der Lage, den Zukunftsraum zu betreten.

Es geht auch nicht darum, zu tun, was die Führungskraft, oder der Supervisor, oder der Intravisor wollen, sondern eher, was notwendend für das System der Organisation selbst oder den Supervisanden ist. Also

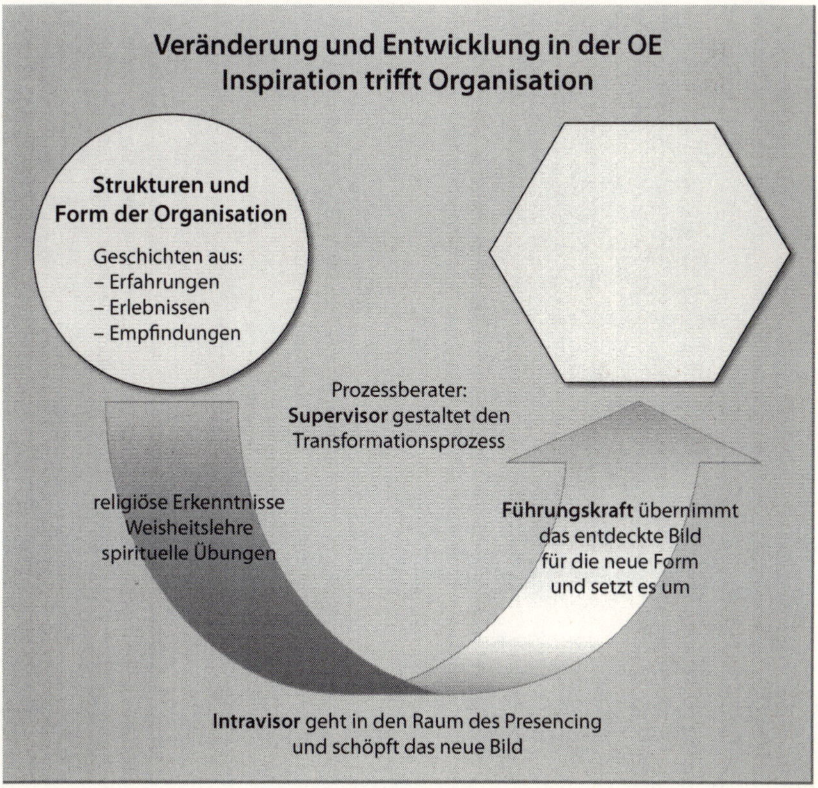

das, was sich schlüssig aus dem Sein der Organisation selbst ergeben will. Dabei ist dann die Führungskraft der erste Diener des Geschehens, ähnlich dem alten Bild des Königs, der auf persönliche Durchsetzung verzichtete, um dem Wohl des Volkes zu dienen.

Die folgende Tabelle soll die beschriebenen Kategorien zuordnen:

	Führung	Beratung	Intravision
Ort	Erde	Berghöhe	Himmel
Persona	König	Priester	Prophet
Ebene	Bewusstsein	Bewusstwerdung	Unbewusste
Aufgabe	Durchführer	Begleiter	Visionär
Rolle	Leitung	Prozesskundige	Experte für das Präsent-Sein
Wirkung	Anweisung	Bildwiedergabe	Bildempfang

Ich sehe bei der Betrachtung der Zusammenstellung dieser Aufgabenfelder im Bereich der Intravision Parallelen mit dem Weisheitskonzept, das in der neueren Forschung zur Ergänzung der rein digitalen Analysen hinzu gezogen wird, um die komplexen Herausforderungen der Wirklichkeit verstehen zu können.

> »Weisheit lässt sich definieren als ein Zusammenspiel bestimmter kognitiver und affektiver Merkmale, die mit Lebenserfahrungen und mit einem Verstehen verbunden sind, welche für ein gutes Leben, Lebenserfüllung, ein effektives Bewältigen und für Einsichten in die Natur des eigenen Selbst, der anderen, des Umfelds und der zwischenmenschlichen Interaktionen erforderlich sind.« (Hanna 2000, 45)

›Weisheit setzt sich aus folgenden Merkmalen zusammen: Fähigkeit zuzuhören, Reife, Verstehen, Selbsterkenntnis, Selbst-Awareness, Empathie, Überblick, Fähigkeit zur Umdeutung, aus Fehlern lernen, Intuition und Emotionen identifizieren.‹ [zusammen gefasst aus: ebd.]

> »Obwohl Weisheit ein uraltes transkulturelles Konzept ist, wurde es von der westlichen Verhaltenswissenschaft bis in die 80er Jahre kaum ernsthaft beachtet.« (ebd., 44)

Das mag daran liegen, dass zunächst das vorliegende Material in seiner Aussagekraft erkannt und als relevant empfunden werden musste, bevor man sich mit der hermeneutische Aufgabe der Übersetzung in unsere Lebensbezüge befasste.

> »Heiler und Schamanen aus neuen und alten Kulturen rund um die Welt sind in Weisheitstraditionen des Heilens und Helfens verwurzelt (Eliade 1964; Harner 1990). In diesen Traditionen wird Weisheit großenteils in Geschichten oder Erzählungen überliefert.« (ebd., 50 f.)

Die Deutung der Geschichten erforderte zunächst die Erforschung der Hintergründe und der persönlichen Quellen; so konnte erkannt werden: Obwohl »in manchen Kulturen Alter mit Weisheit assoziiert wird, ist Alter doch ganz offensichtlich kein notwendiger Bestimmungsfaktor für den Grad an Weisheit einer bestimmten Person. In hinduistischen, taoistischen und buddhistischen Kulturen gilt Weisheit als das Ergebnis spiritueller Errungenschaften und Einsichten.« (ebd., 44)

Diese Beschreibung interessiert uns insofern, als hier die 4. Phase des Transformationsprozesses angesprochen ist und für das heutige Beratungsgeschehen wichtig ist. So haben Hanna/Ottens (1995) gezeigt, »dass die menschlichen Eigenschaften, die unter dem Oberbegriff Weisheit zusammengefasst werden, auch erstaunlich genau den effektiven Berater beschreiben; und sie haben die These aufgestellt, der Unterschied zwischen sehr effektiven und mäßig effektiven oder ineffektiven Beratern sei auf Weisheit zurückzuführen. Diese These basiert auf zahlreichen wissenschaftlichen Arbeiten aus der Intelligenzforschung und der Entwicklungspsychologie.« (ebd., 43)

Die wichtige Komponente der präsentischen Aufmerksamkeit, die wir nur bei wenigen Menschen in ausgeprägter Form vermuten, taucht auch bei der Erforschung von Weisheitstraditionen als maßgeblicher Aspekt auf:

›*Awareness* ist eine der wichtigsten Komponenten der Weisheit sowie des Beratungsprozesses. Das hängt mit den metakognitiven Aspekten der Weisheit zusammen. Metakognition ist das Denken über das Denken, das Überwachen von Selbstregulation, Selbstinstruktion und die Integration von Erfahrungen.

Die Weisheitstraditionen fördern eine Awareness, die sich als maßgeblicher Bestandteil der spirituellen Entwicklung in verschiedenen Meditationstechniken feststellen lässt. Minderheitskulturen entwickeln eine genaue Awareness für die dominante Kultur, um den Mangel an Macht und Status zu kompensieren. Diese Awareness ist bei Mitgliedern der dominanten Kultur selten zu finden. Ein weiterer Aspekt ist die Fähigkeit Täuschungen und Halbwahrheiten zu durchschauen.‹ [zusammen gefasst aus: ebd., 54]

Die Form des Denkens ist dementsprechend nicht linear, sondern komplex, ohne jedoch die Ausrichtung auf einen Fokus aufzugeben, es wird als dialektisch bezeichnet: »Dialektisches Denken bedeutet auch, zum Kern eines Problems vorzudringen, ohne zu sehr zu vereinfachen.« (ebd., 51)

Es wird angestrebt, ein Thema vollständig zu durchdringen, viele Perspektiven dazu einzubeziehen und dann die geeignete Handlungsstrategie zu entwickeln, die tragfähig ist, denn »bei der Weisheit liegt der Schwerpunkt darauf, Lösungen zu entwickeln, die nicht weitere Probleme nach sich ziehen.« (ebd.)

Welche menschlichen Fähigkeiten stehen uns aber zur Verfügung und welche persönlichen Entwicklungswege braucht es, um weise zu handeln oder um Erkenntnisse für die Gemeinschaft nutzbar zu machen? Welches sind die Voraussetzungen, damit wir über statistische Erhebungen und kausale Beschreibungen hinaus kommen? Die eigentliche Alternative ist für Charlotte Roberts »eine interdependente Orientierung, die vom intuitiven Erleben ausgeht, dass das Individuum – bei persönlicher Integrität – Teil eines größeren Ganzen ist und so eine Verwandtschaft zwischen innerer Bewusstheit und äußerer Realität spüren kann. Dieses ›Teil-von-

Etwas-Sein‹ begründet nach ihrer Überzeugung einen dynamischen, langfristigen Entwicklungsprozess. Die tiefsten intrinsischen Bedürfnisse des Individuums sind da zu finden, wo man die wichtigsten Wechselbeziehungen im gemeinsamen System von Selbst und Umwelt berührt und mit dem ›Zweck‹, der Ordnung des Gesamtsystems in Kontakt kommt.« (Krizanits 2005, 89)

Es scheint, dass wir Menschen genau in der Überwindung der Reduktion auf Selbstbezogenheit zu uns und unserem Potenzial finden. So beschreibt Krizanits die Personal Mastery nach Senge als die Kompetenz, durch die man reagieren kann, denn die »Lücke zwischen dem, was wirklich wichtig ist, und der gegenwärtigen Realität erzeugt eine kreative Spannung. Personal Mastery ist die besondere Form von Lernen im Leben, die diese kreativen Spannungen schaffen und erhalten will und damit ständig die eigene Fähigkeit erweitert, diejenigen Ergebnisse im Leben zu erzielen, die man wahrhaft anstrebt (Senge 1990).« (ebd., 80)

Die Nutzung der Kompetenz zur Selbststeuerung ist zentral bei der Gestaltung persönlicher Transformationsprozesse, die als *Transition* benannt werden.

> »Mit der Disziplin der Personal Mastery plädiert Senge dafür, an das eigene Leben heranzugehen wie an ein schöpferisches Werk und eine kreative statt einer reaktiven Lebensauffassung zu vertreten, um Ereignisse zu erzielen, die man wirklich anstrebt. Selbst-Steuerung in Transition ist zuvorderst eine Haltung, welche die eigene Entwicklung in Phasen grundlegend neuer Lebensorientierung nachhaltig fördert und nährt und doch dem Ungewissen, dem Brüchigen und Chaotischen die Räume lässt, aus denen neue Orientierung und neue Kreativität entstehen kann.« (ebd., 75)

> »Transition betrifft den Umbau, die Entwicklung von Identität; drum macht es wenig Sinn, auf die bestehende Identität zu referenzieren, wenn man neue Lebensentwürfe kreieren will. Es geht genau um ein Unterschreiten des Wahrnehmungsfilters der eigenen Werthaltungen und Identität, um ins Chaos der ungefilterten Daten, Erfahrungen, Er-

eignisse einzutauchen und Zugang zum Neuen, wirklich Bedeutsamen zu finden.« (ebd., 86 f.)

Jeder Mensch kann auf den Prozess der Transition Einfluss nehmen, das ist eine Folge der persönlichen Freiheit und des Mutes sich zu überlassen. So gibt auch Krizanits einen entsprechenden Hinweis: »Die jeweilige Haltung, mit der sie sich mit der Dynamik ihrer persönlichen Transition auseinander setzen, kann den Prozess beschleunigen und vertiefen oder scheitern lassen.« (ebd., 75). So schlussfolgert sie: »Die Haltung von Führungskräften ihrer persönlichen Transition gegenüber ist deshalb von zentraler Bedeutung dafür, wie frühzeitig und mit welcher Wahlbreite von Optionen sich eine Organisation auf Transformation einlässt.« (ebd., 77)

Die individuelle Erfahrungstiefe beeinflusst den kollektiven Prozess in außerordentlichem Maße, denn bei »tief greifendem Wandel jeder Art sind es einzelne Führungspersonen, die den Menschen in der Organisation Sicherheit, Glaubwürdigkeit und Greifbarkeit von Zukunft vermitteln.

Sie schaffen dies entweder, weil sie selbst glaubhaft für die jeweilige Vision der Transformation stehen und diese als persönliche Vision teilen. Oder es gelingt ihnen deshalb, weil sie dadurch, wie sie im eigenen Leben Umbruchsituationen durchlebt und gestaltet haben (durch ihre früheren Transitions), « gelungen kommunizieren » können (Heitger/Doujak 2002, 95)« (ebd., 73)

Ist ein Transformationsprozess geplant, braucht es eine Klärung der persönlichen Ressourcen der Beteiligten. Bei Bedarf müssen Kompetenzen durch externe Personen ergänzt werden. Hier kommen wir auf die Aufgabenfelder der Supervision und Intravision zurück.

III. Hinspüren

In dieser Phase widmen wir uns dem vertieften Wahrnehmen der biblischen Geschichten. Wir spüren in ihre immanente Bewegung hinein, und versuchen in emotionale Resonanz mit den Erlebnissen und Auseinandersetzungen ihrer Helden zu kommen. Gestützt wird dieses Vorgehen, durch eine Aussage Jesu:

> **Gott ist nicht ein Gott der Toten, sondern der Lebenden.** (Matthäus 22,32b)

Die zeitliche Distanz wollen wir mit emotionaler Nähe überbrücken, die sich auf das Kontinuum menschlicher Erfahrungen bezieht.

In religiöser Sprache ausgedrückt, lässt es sich etwa wie folgt beschreiben: Menschen begeben sich auf einen spirituellen Weg, um den Willen Gottes zu erfahren, ihn anzunehmen und in die Tat umzusetzen. Die kleinen Schritte auf diesem Weg sind die Gebete, wo nach und nach die Worte versiegen, bis in die Stille hinein Gott spricht. Darauf folgt aus gewandelten Grundhaltungen auch die kreative Neufindung von stimmigen Handlungen, die dem aufgenommenen Gotteswillen wieder entsprechen.

Als Theologin interessierte mich nun, ob ich alleine diese Zusammenhänge wahrnehme, oder ob sich Transformationsprozesse nicht schon immer in der religiösen Tradition des Christentums vorfanden.

Ich möchte die Texte der Bibel daraufhin in Auszügen untersuchen, auch um heraus zu finden, ob sich hier Menschheitserfahrungen von Wandlung spiegeln, aber auch um Risiken, Gefahren, Versuchungen, Chancen und zu erwartende Schwierigkeiten zu entdecken, die uns helfen könnten, moderne Transformationsprozesse besser zu verstehen und erfolgreich zu gestalten.

Bibel

Die Bibel in ihrer Gesamtstruktur bietet schon durch ihre Unterteilung in Altes und Neues Testament und in der Abfolge ihrer Einzelbücher den Anschein der Beschreibung eines Transformationsprozesses.

Phase 1: *Runterladen,* findet ihren Ausdruck in den Geschichtsbüchern. Erlebtes und Getätigtes werden in den Handlungsabläufen beschrieben und führen uns inhaltlich von der Schöpfung über den Zerfall der Königreiche bis zur Zerstörung des Nord-und Südreiches durch erobernde Assyrer und Babylonier bis zur Rückkehr und Neubesiedelung von Jerusalem durch eine kleine Restgruppe des verschleppten Volkes.

Das Scheitern eigener Pläne war erlebt geworden. Nun versuchen die Gelehrten des Volkes innezuhalten und die Gründe zu eruieren, um eine Wiederholung zu verhindern und den Zorn Gottes nicht noch einmal auf sich zu ziehen.

Phase 2: *Hinsehen,* drückt sich in den Lehrbüchern und Psalmen aus. Hier ringt der bewusste Geist um ein Verstehen der übergeordneten Zusammenhänge. Neue Weisheitslehren werden diskutiert und in ihren Konsequenzen besprochen. Der Mensch versucht den eigenen Geist in dieser Reflexion für neue Inhalte zu öffnen und sich bis an die Grenzen des Möglichen auf das Verstehen vorzubereiten. Es bleibt die Ahnung, dass nur die Gottesbegegnung die Geheimnisse erhellt.

Phase 3: *Hinspüren,* das Empfinden ist die Aufnahmestelle für das Sein selbst im individuellen Fühlen. Hier gehen die Menschen bereits einen Schritt weiter, öffnen ihre Emotionalität, um sich von dem Heiligen bewegen zu lassen. In den Prophetenbüchern tragen Einzelne die inneren Wahrnehmungen und sprechen sie aus. Sie öffnen die Herzen durch die Intensität der Botschaft.

Dann folgen etwa 400 Jahre Schweigen. Die Menschen leben ohne neue Botschaften und begründen sich auf das Empfangene. Neue politische Auseinandersetzungen folgen, die mit den vergangenen Erklärungsmodellen und Lösungsstrategien nicht mehr zu bewältigen sind. Die eigene Volksidentität, der Glaube, die gelebte Religiosität, die politische Freiheit und Selbstbestimmung, alles Strukturierende ist aufgehoben und infrage gestellt.

Phase 4: *Anwesend sein,* beginnt. Hier wird der Ruf nach dem Messias, dem Gesalbten Gottes, dem Erlöser hörbar. Die Vergangenheit zerbricht vor den eigenen Augen. Rettung scheint menschenunmöglich, es bleibt keine Hoffnung für die Zukunft. So verschafft sich in dem Angewiesensein auf die Gegenwart die drängende Sehnsucht nach der Gottesbegegnung Raum.

In diese verzweifelte Sehnsucht hinein wird Jesus geboren und führt in

Phase 5: *Verdichten,* hinein. Hier beginnt das Neue Testament. In den vier Evangelien werden die Worte und Taten Jesu geschildert als Ausdruck einer Vision des beginnenden Gottesreiches. Noch fast schemenhaft und nur im Einzelnen durchgeführt, scheint das Kommende auf und will auch von den anderen und Umstehenden ergriffen werden.

In der Apostelgeschichte findet Phase 6: *Erproben,* ihren Ausdruck. Erste Jüngergruppen und Gemeinschaften versuchen das Gedankengut Jesu aufzunehmen und im eigenen Leben umzusetzen. Erste Regeln und Strukturmodelle werden erprobt, angenommen oder wieder verworfen. Gemeinschaftserfahrungen mit dem neuen Weg bilden allmählich Traditionen und Rituale aus.

Phase 7: *In die Welt bringen* und Institutionalisierung werden in den Briefen dokumentiert. Hier wird bereits eine Ausweitung des Experimentes angezielt, das sowohl räumlich, als auch zeitlich die damals relevante Welt in den Blick nimmt.

Eine Entsprechung findet sich im Taufbefehl (Mt 28,19f):

> Darum gehet hin und machet zu Jüngern alle Völker (...) und lehret sie, alles zu halten, was ich euch befohlen habe. Und siehe, ich bin bei euch alle Tage bis an der Welt Ende.

Die Offenbarung des Johannes lässt sich vielleicht als eine Vision kommender Transformationen beurteilen. Hier wird das Wiederkommen des Messias für die Zukunft erwartet. So ist dieser Text eigentlich der Beginn eines neuen Prozesses, der in der visionären Schau bereits angekündigt wird.

Als christlich religiöser Mensch ist man so auf Transformationsprozesse vorbereitet zumindest im Nachvollzug der angebotenen Bildwelten.

A. Das Alte Testament

1. Der Sündenfall

Genesis 3

Die Menschen leben im Paradies noch im Zustand der Unbewusstheit ihrer selbst. Sie sind noch nicht ihr eigener Beobachter. Das wird dadurch verdeutlicht, dass sie nackt sind und sich nicht schämen. Sie sind eigentlich im vorpubertären Zustand und folgen den Anweisungen, die sie noch nicht kritisch überprüfen können.

Doch die Krise naht im Gewande der Schlange. Ihr forschender Geist beginnt zu hinterfragen, was die Konsequenzen einer Gebotsübertretung sein würden. Sie halten inne in dem sich wiederholenden Vollzug ihres paradiesischen Lebens und überprüfen in Gedanken und in der Tat, was geschieht, wenn sie vom Baum der Erkenntnis von Gut und Böse essen. Sie sterben nicht, wie angedroht, die Furcht war übertrieben, aber sie empfinden plötzlich, dass sie nackt sind, dass sie geschlechtlich sind. Das Paradies ihrer Unbewusstheit ist zerbrochen, sie schützen sich äußerlich durch Feigenblätter und verstecken sich hinter Bäumen vor dem Blick Gottes (Gen 3,7–8). Das Verlassen der unbewussten Routinen und das Öffnen von Geist und Herz haben den Preis der Gewahrwerdung von Trennungen.

Gott ruft Adam vor sein Angesicht. Adam versteckt sich mit seiner Frau vor dieser Konfrontation. Gott spricht die Übertretung aus. Die Vergegenwärtigung des eigenen Seins ist furchtbesetzt. Die Selbsterkenntnis ist hart, fast zu hart. Adam gibt die Verantwortung für die Erkenntnis an die Frau weiter, diese führt die Schlange als Betrüger an.

Mit den verurteilenden Worten Gottes kristallisiert sich das Neue Sein heraus. Das unschuldige, spielerische Zusammensein ist zerbrochen:

- Die Schlange wird aus den Tierarten verstoßen und es wird Feindschaft zwischen sie und die Frau gesetzt.
- Die Frau wird aus der Harmonie des Gebärens gestoßen, Schmerz tritt zwischen sie und ihr Kind. Das Verlangen nach ihrem Mann wird von ihm durch Unterwerfung beantwortet.
- Der Mann wird mit harter Mühsal von dem Ertrag des Feldes leben müssen, es schenkt sich ihm nicht mehr freigebig, was er braucht.
- Das Bewusstsein der eigenen Sterblichkeit überschattet von nun an die Selbstverständlichkeit, zu leben.

Die prototypischen Menschen müssen nun Kleidung aus Fellen tragen. Sie werden aus dem Paradies verwiesen auf die Erde, die sie bebauen müssen. Die Wirklichkeit einer erwachsenen Existenz hat sie unwiderruflich eingeholt. Sie sind aufgefordert ihr Leben angesichts ihrer Todesgefahr zu führen und um die Existenz zu kämpfen. Sie müssen ihr Menschsein jeweils individuell umsetzen. Es wird sich zwischen der Sehnsucht nach erlösender Übereinstimmung und Angst vor dem Scheitern an den gesetzten Trennungen vollziehen. Die Rückkehr ist unmöglich. Das Vergangene verschließt seine Tore mit flammenden Schwertern.

Dahinter geschützt wächst der Baum des ewigen Lebens, zu dem es nun keinen Zugang mehr gibt. Das Sein in der vollständigen Gegenwärtigkeit ist für den Mensch nicht mehr lebbar. Er muss aus den natürlichen Verbindungen heraus treten und um jede Überwindung von Trennungen nun bewusst kämpfen.

Der Transformationsprozess eines Menschen vom unbewussten Identitätsgefühl zum unterscheidenden Geist, der sich seiner selbst gewahr wird, wird als schmerzhaft und als Verlust erlebt. Aus diesem Schmerz entspringt die Sehnsucht nach Überwindung der Trennung von Objekt und Subjekt, auch in der eigenen Seele, aber auch zwischen Mann und Frau, zwischen Eltern und Kindern, zwischen Mensch und Tier, zwischen Arbeit und Ertrag, zwischen Lebendigsein und Vom-Tod-Wissen, zwischen Gott und Mensch, zwischen Möglichkeit und Wirklichkeit, zwischen Essenz und Existenz. Diese Spannung ist es, die den Menschen zur Entwicklung antreibt, durch die er hofft, in eine neue Harmonie und einen umfassenden Frieden hinein erlöst zu werden.

Die Erbsünde, der Sündenfall von Adam und Eva, ist es, der »uns mit der Unausweichlichkeit des Unterscheidens und Entscheidens konfrontiert. Wir leben in einer Welt der Polaritäten, wir haben ständig Unterscheidungen zu treffen, wir sind buchstäblich »vertrieben aus dem Paradies« in die Hölle der Unausweichlichkeit des Unterscheidens und Entscheiden-Müssens. Darin liegt die Not aber auch die Chance menschlichen Handelns.« (Tischinger 2008, 132)

Der Weg der *Erlösung* muss nun gesucht und gefunden werden. Diese Forschungsreise wird zum Lebensinhalt von Menschen und Völkern. Er kommt eigentlich nicht zum Abschluss, da sich selbst erlebte Erlösung in die Vergangenheit zurückzieht und wieder neu in der Gegenwart gefunden werden will. Sie ist nicht selbstverständlich anwesend.

Die *Aufgabe der Religion* ist die Weitergabe von Erfahrungen des Erlöstseins über ihre Wahrnehmung im Bewusstsein und ihre Erinnerung im

Empfinden, um sie als gegenwärtiges Erleben wieder zu aktualisieren und auch glaubend darauf zu vertrauen, dass sie sich in der Zukunft wieder einstellen werden.

Die Methoden sind das Geschichten-Erzählen, das Gebet und der rituelle Vollzug von Vergegenwärtigungen in der Gemeinschaft, sowie die Ermutigung für die kommenden Schritte und die Bestätigung von begründeter Hoffnung.

Das Empfinden von Erlösung aus der Spannung von Trennungen ist die *Liebe*.

Folgerichtig geschieht aus dem Gefühl des Ungesehenseins mit dem empfundenen Mangel an Liebe der erste Mord: Kain und Abel (Genesis 4,1–16).

2. Die Sintflut

Genesis 6,5–8,22

Gott bereut, dass er die Menschen gemacht hat, als er sieht, dass ihre Bosheit groß ist auf Erden. Er beschließt sie zu vertilgen, zusammen mit den Tieren. Erschaffen und Vernichten sind die beiden extremen Möglichkeiten Gottes, das ist, was er vollzieht. Er hält inne durch die Frömmigkeit des Noah. Gott will alles verderben, was den Odem des Lebens hat (Gen 6,17), es soll untergehen. Aber mit Noah will Gott einen Bund schließen und ihn und seine Familie retten, zusammen mit jeweils einem Paar jeder Tiersorte. (Gen 6,18–19).

Gott öffnet seinen Blick für die Frömmigkeit des Noah und bestätigt in seinem Empfinden dessen Lebensrecht. Alles, was voller Frevel ist, soll dagegen untergehen. Gott trennt sich von dem, was sich von ihm getrennt hat, und lässt es los. Selbst Gott kann den nicht halten, der sich von ihm entfernt, er kann aber seine Lebenskraft und seinen Lebensraum von ihm zurückziehen. Hier versenkt er einfach die Erde im Wasser, so dass alles ertrinkt, was nicht mehr im Einklang mit ihm wandelte. Es gibt noch eine Vorbereitungszeit von sieben Tagen, bevor es 40 Tage und Nächte regnen wird. (Gen 7,4)

Gott selbst begibt sich in den Transformationsprozess. Er lässt das, was nicht mehr mit ihm in Kontakt ist, untergehen. Seine Phase 4 = Anwesend sein, hat er für 40 Tage angesetzt. Das ist die Zeit, die Jesus später in der

Wüste sein wird, bevor der Satan ihn versucht. Anscheinend sind 40 Tage die Zeit, die Gott braucht, um sich neu zu erschaffen.

Die Wasser steigen, so dass selbst die hohen Berge versinken und alles, was Odem des Lebens hatte auf dem Trockenen, das starb. (Gen 7,22) Nur Noah, seine Frau, ihre drei Söhne mit den Frauen und die ausgewählten Tiere in der Arche überleben.

150 Tage bleiben die Wasser auf Erden, dann verlaufen sie wieder. Es braucht noch weitere Zeit, bis die Erde wieder ganz trocken ist und die Lebewesen die Arche wieder verlassen können. Es zeigt sich also erst allmählich ein neuer Lebensraum, der sich wieder zu Land verdichtet (Phase 5). Gott gibt den Überlebenden den Auftrag, fruchtbar zu sein und sich zu mehren. (Gen 8,17) Sie sind die Ausgangswesen, durch die neues Leben die Räume füllen soll. Sie sind die experimentelle Grundlage (Phase 6), nach der die Belebung der Erde wieder umgesetzt werden soll (Phase 7).

Noah baut einen Altar und opfert Gott zum Dank. Gott spricht in seinem Herzen: »Ich will hinfort nicht mehr die Erde verfluchen um der Menschen willen; denn das Dichten und Trachten des menschlichen Herzens ist böse von Jugend auf. Und ich will hinfort nicht mehr schlagen alles, was da lebt, wie ich getan habe.« (Gen 8,21) Gott selber will die Vernichtung des Lebens nicht mehr wiederholen. Selbst angesichts der Bosheit der Menschen will er auf diese Möglichkeit nicht mehr zurück greifen.

Gott, der Gerechte, ist transformiert zu Gott, dem Liebenden. Er verpflichtet sich selbst durch den Bund mit Noah, seinem Impuls der Auslöschung von Leben zu widerstehen und den Lebensraum in seinen rhythmischen Ordnungen bestehen zu lassen.

Noah ist der Mann, der mit Gott wandelt (Gen 6,9). Er begleitet den Transformationsprozess Gottes wie ein Supervisor. Mit ihm schließt Gott den Vertrag, den Zerstörungsimpulsen nicht mehr zu folgen. Als sichtbares Zeichen setzt er den Regenbogen in die Wolken (Gen 9,11–17)

3. Jakobs Kampf am Jabbok

Genesis 32,23–32

Jakob führt seine zwei Frauen, seine zwei Mägde und seine elf Söhne in der Nacht durch die Furt des Flusses Jabbok. Dann bleibt er allein zurück und ringt dort mit einem Mann, bis die Morgenröte anbricht. Das Ringen in der Nacht am Fluss, alleine mit einem Unbekannten, führt uns in den Raum des Gegenwärtigseins (Phase 4). Nachdem er sich nach Jahren des Dienstes in der Fremde mit seiner Vergangenheit konfrontieren will und Versöhnung mit seinem Bruder Esau anstrebt. Wir gehen also davon aus, dass sein Geist und sein Herz geöffnet sind, um sich dem auf ihn Zukommenden zu stellen. Das tut er also in der Nacht. Das Ringen zwischen Jakob und dem Unbekannten bleibt zunächst entscheidungslos, beide sind gleich stark.

Mit der anbrechenden Morgenröte aber versucht der Unbekannte sich zurückzuziehen. Auch hier erkennen wir, dass es eine Begrenzung der Zeit gibt, da der Raum des Präsentseins eingenommen sein kann, es braucht dann wieder eine Rückkehr aus dieser Intensität in den Normalzustand.

Jakob will noch nicht hinaus, er kämpft weiter. Der Unbekannte sieht keine andere Möglichkeit, als die Hüfte des Jakob mit einem Schlag zu verrenken, um ihn zu schwächen. Dann fordert er ihn auf: »Lass mich gehen, denn die Morgenröte bricht an.« (Gen 32,27). Jakob antwortet trotz der Verrenkung: »Ich lasse dich nicht, du segnest mich denn.« (Gen 32,27)

Jakob spürt, dass er die Kraft für das vor ihm Liegende nur aus diesem Zustand nehmen kann. Er ringt der Gegenwärtigkeit den Segen = Lebenskraft für seine Zukunft ab. Hier ist ein Mensch so stark, dass nicht er überfordert ist, sondern der Segnende selbst unterliegt. So sagt er auch: »Du sollst nicht mehr Jakob heißen, sondern Israel; denn du hast mit Gott und mit Menschen gekämpft und hast gewonnen.« (Gen 32,29)

Der Unbekannte, der sich als Gott enttarnt, segnet Jakob an dieser Stätte, die daraufhin Pnuel = *Angesicht Gottes* genannt wird. Jakob staunt darüber, dass er trotz des Anblickes des Angesichtes Gottes noch lebt.

Durch das Ringen mit dem Göttlichen erhält Jakob eine neue Identität, eine starke Segenskraft und ein Staunen über seine Lebensmacht. Er ist nun bereit für das Begegnende, das sich ihm auch freundlich erweisen wird. Er gibt dem Geschehen einen Ort und einen Namen, vielleicht um es für sich und seine Nachkommen identifizierbar zu machen. Als er den Ort verlässt, geht ihm die Sonne auf und er hinkt an seiner Hüfte. Das Aufscheinen der Kraft in der Wirklichkeit beginnt nach überlebtem Nachtkampf. Dies entspricht Phase 5 = Verdichten. Jakob, Israel, trägt das Zeichen des Kampfes an seinem Leib. Alles hat seinen Preis, auch der gewonnene Kampf um den Segen Gottes. Niemand verlässt diese Begegnung wie er hineingetreten ist. Der Ausgang ist ungewiss und das Risiko hoch, aber auch für die Seite des Göttlichen. Besonders deutlich wird das Ausmaß menschlicher Möglichkeit. Jakob ist stärker als Gott, er ringt ihm aktiv den Segen ab, weil er nicht nachlässt.

Der Nacht- und Flussgott muss segnen, um vor dem Morgenlicht wieder zu verschwinden. Die Kräfte im Unbewussten sind demzufolge von dem Menschen nutzbar und einforderbar.

Der aktive Mensch ist stark genug, aus ihnen zu schöpfen und sich ihren Sphären auszusetzen, ohne von ihnen überwältigt zu werden. Das Geschaute kann er ertragen und in das Bewusstsein hineintragen. Es berührt und verwundet ihn, aber bringt ihn nicht um. So ausgestattet können gefürchtete Konfrontationen mit anderen Menschen und den Bedürfnissen in der Zukunft ausgestanden werden.

Jakob heißt nun Israel, er wird der Stammvater der Israeliten. Sie übernehmen seine Identität, die er prototypisch für sie erstritten hat. Die Israeliten sind Menschen, die dem Göttlichen den Segen abringen können, auch wenn sie dabei verwundet werden. Sie vertrauen auf die Kraft des Heiligen und lassen sich für ihre Zukunft aus diesen Bereichen Kraft übertragen.

4. Moses

Moses ist eine zentrale Gestalt im Selbstverständnis des Judentums. Die Befreiung aus ägyptischer Sklaverei ist dem Urbild eines Befreiungsgeschehens entsprechend. Moses selbst beschreitet einen transformierenden Lebensweg, bevor er ein ganzes Volk durch die Wüste führt (s. S. 91 f.).

Exodus 2,1–10:

Bereits die Mutter des Mose durchbricht die angeordneten Handlungen, indem sie ihr Kind verbirgt. Sie gibt es aber frei für sein Schicksal, als sie es dem Nil überantwortet. Und tatsächlich, ihr Loslassen in der Phase des Hinspürens, rettet sein Leben. Auch die Tochter des Pharao tut etwas Ungewöhnliches, indem sie es aus Barmherzigkeit aufnimmt, ihr Herz also dem hebräischen Kind gegenüber öffnete = Hinsehen und Hinspüren.

Das Loslassen der Mutter führt zur Aufnahme durch die Pflegemutter, und dazwischen strömt der Nil. Das Wasser ist immer wieder ein Bild für den Übergang der 4. Phase: *Anwesend sein.* Es gibt nichts anderes mehr, als die bloße Existenz. Im Sich-Überlassen geschieht die Rettung und Neuorientierung.

Exodus 2,11–25

Moses selbst reagiert als Erwachsener wie ein Hebräer, nicht wie der Enkel des Pharao, er durchbricht die Handlungsvorgaben, indem er den schlagenden Aufseher tötet. Nun muss er selber fliehen. Wiederum lässt er alles zurück, öffnet sich dem Unbekannten und gerät ins Land Midian zu einem Brunnen. Hier findet er seine Frau und Aufnahme in die Sippe des Priesters. Er vollzieht seine persönliche Transition von dem Thronanwärter zum geflohenen Sklaven und von diesem zu einem Hirten. Moses wird noch weitere Transitionen überstehen müssen.

Exodus 3,1–4,17

So herausgelöst aus seiner Herkunft, nach erfahrener Perspektivenerweiterung und der Ankunft in dem eigenen Empfinden, hat er eine Gottesbegegnung auf dem Berg Horeb. (4. Phase) Aus dem brennenden Dornbusch spricht Gott zu ihm und offenbart seinen Namen: *Ich bin der Seiende* (Exodus 3,14). Der Gottesname selbst könnte nicht übereinstimmender mit der Phase 4: Anwesend sein, klingen.

So zeigt sich, dass der Wandlungspunkt in der Tiefe des Transformationsprozesses genau dem früheren Phänomen der *Gottesbegegnung* entspricht. Gott selbst ist die *Ewige Präsenz,* in deren Gegenwärtigkeit der Mensch es nur vorübergehend aushält. Er nähert sich barfuß dem heiligen Land (Exodus 3,5) und verlässt es mit einer Inspiration, die sich dann allmählich in das Leben hinein verwirklicht. So erhält Moses eine erweiterte Identität und einen Auftrag. Zunächst zögert er, den Auftrag anzunehmen und zweifelt, ob er die Umsetzung leisten kann. Doch das schrittweise Erproben führt schließlich zu einer Befreiung des ganzen Volkes.

Die persönliche Transition wird auf die Transformation einer Großgruppe ausgedehnt. Die Gottesbegegnung ist der Kipp-Punkt. Hier entscheidet sich, ob Moses dem Anspruch der Gegenwart gewachsen ist, ob er die Stimme Gottes vernehmen kann. Er hat die Kompetenz der *Intravision*. Er schaut die Gotteserscheinung, ohne geblendet zu sein, ohne die Augen davor zu verschließen. Er überlässt sich der Wirkung einer ihn übersteigenden Kraft, die ihn neu ausrichtet. Im Anschluss aber überkommen ihn Zweifel, und er findet allerlei Einwendungen. (Exodus 4,1–17)

Gott wird zornig und offenbart, dass er auch in dem Folgegeschehen gegenwärtig sein wird (4,14–15). Es zeigt sich, dass auch im Verlassen der Gottesbegegnung Gefährdungen liegen, die im Vertrauen und mit Zuversicht bewältigt werden müssen. Durch die persönliche Transition kundig geworden, ist Moses in der Lage machtvoll aufzutreten und die Befreiung zu fordern. Unterstützt wird er von seinem Bruder Aaron, der kommunizieren kann.

Während nun Moses hauptsächlich als Intravisor auftritt, begegnet uns in Aaron der Supervisor, der die empfangenen Botschaften vermitteln soll.

5. Der Auszug aus Ägypten

Exodus 12,29–51

Der Widerstand des Pharao zerbricht, als die Weiterführung des gewohnten Verhaltens zum vollkommenen Desaster führt und den Tod der Erstgeburt herbeiführt. Der Preis des Festhaltens an alten Mustern wird zu hoch. Das Innehalten beginnt auch beim Pharao und er muss seine Perspektiven erweitern und sich dem Loslassen auch emotional öffnen.

Der Pharao erlebt ganz zeitgemäße Herausforderungen, die Ed Schein wie folgt beschreibt: »(…) allen Beteiligten ist klar, dass Veränderungen in der Struktur Veränderungsprozesse nach sich ziehen können, die große Ängste und Widerstand auslösen, weil die Strukturen, die sich über einen gewissen Zeitraum entwickelten, Vorhersagbarkeit, Werte und Sicherheit für die Gruppenmitglieder bedeuten. Kultur ist in Struktur eingebettet, daher lässt sich Struktur nicht ändern, ohne dass die akzeptierten kulturellen Annahmen bedroht werden.« (Schein 2003, 214)

Das Loslassen des Pharao führt zum Aufbruch der Hebräer. Auch sie müssen das Gewohnte verlassen und sich auf eine Reise ins Unbekannte begeben. Sie können nur das Notwendigste mitnehmen und sind auf eine

Perspektivenerweiterung ausgerichtet. Sie bewegen sich auf die Wüste zu, indem sie dem Bild Gottes in einer Wolken- und Feuersäule folgen. Doch die Gefahr des Rückfalls verfolgt sie: Die Ägypter als kontrollierende Macht (Exodus 14,5) versuchen bereits das Geschehene rückgängig zu machen und in das Gewohnte zurückzuzwingen. Die Wiederholung der gleichen Handlungsabläufe wurde als Sklaverei erlebt, sie spürten die destruktive Dynamik der defensiven Routinen. Nun öffnet sich ein Weg zum selbst bestimmten Leben für die Hebräer, aber auch ihnen bleibt der Transformationsprozess nicht erspart.

Exodus 14,10–31:

Die Angst ist bereits bei den Hebräern angekommen. Es wird immer enger für sie, und schon glauben sie in der Rückkehr ihr Heil suchen zu müssen. Denn vor ihnen liegt das Schilfmeer und hinter ihnen reiten die Verfolger auf sie zu. In dieser Situation ruft Moses Gottes Präsens auf: *Der Herr wird für euch streiten und ihr werdet stille sein.* (Exodus 14,14)

Hier ist genau Phase 4 beschrieben: Stille für den Mensch und machtvolles Eingreifen für die größere Kraft. Die scheinbare Untätigkeit des Menschen bereitet das Hereinbrechen der Wandlungskraft vor. Aus dieser Stille geht der Weg weiter vorwärts. Es entsteht ein Weg, wo vorher keiner zu sehen war. Es kristallisiert sich eine ungeahnte Möglichkeit heraus. Und so schreiten die Hebräer durch das Meer mit trockenen Füßen (14,16).

Die Ägypter aber, die nicht Teil des Transformationsprozesses waren, versuchen mit eigener Kraft durch das Meer zu reiten. Sie überlassen sich nicht der Stille und Inspiration, sondern verfolgen ihre gewohnten Ziele mit eingeübten inkompetenten Handlungsmustern und verstockten Herzen (14,17). So gehen sie unter im Meer ihres Kontrollzwanges. Ohne die Gottesbegegnung und die Intravision in den übergeordneten Willen gibt es keine Weiterentwicklung in die Zukunft, sondern nur den Untergang in den Gegebenheiten der Umwelt, die dem Zwang der sich selbst Überschätzenden Widerstand leisten.

Diejenigen, die dem Ruf, der ihre Stille durchbrach, folgten, gewinnen neuen Boden unter ihren Füßen und geben ihrer Freude Ausdruck in einem Loblied. (Exodus 15,1–21). Hier wird der freudige Anteil des Prozesses besonders in Phase 6 = Erproben, deutlich. Die erfahrene Wirkungskraft setzt auch in den Menschen überschäumende kreative Energien frei, die gemeinsam ausgelebt werden können.

Das Umsetzen der neuen Haltung in Handlungen braucht allerdings eine ständige Wiederholung durch neuerliche Transformationsprozesse, die nicht immer so intensiv und spektakulär sein müssen, aber dennoch durchschritten sein wollen. Hier zeigt sich, dass der Gottesname: Ich bin der Seiende, *der Gegenwärtige*, der in Zukunft Daseiende, der Lebendige, ich-bin-der-ich-bin…, wie auch immer man übersetzen mag, sich in jedem Moment als wirklichkeitsgestaltend erweisen will.

Kleine Zwischenfälle durch Hunger und Durst, also Überlebensangst ausgelöst, fordern erneut zu Transformationsprozessen heraus. Die schenkende Daseinskraft des Lebens verwandelt bitteres Wasser in Trinkwasser, lässt Quellen aus Steinen sprudeln und Wachteln vom Himmel fallen. (Exodus 15,22–17,7) Das Volk ist immer wieder aufgefordert, seine rückwärts gewandte Sehnsucht zu überwinden und sich dem Auftauchen der Lebenskräfte selbst zu überlassen. Immer wieder geschieht dann Wandlung ihrer Einstellung und Öffnung neuer, ungeahnter Möglichkeiten, die erprobt werden und sich als tragend erweisen.

Moses übernimmt die zeitweilige Funktion des Supervisors, der den Prozess gestaltet und methodisch initiiert. Seine Interventionen sind aber gespeist durch eigene Intravisionen in den gegenwärtigen Gotteswillen, die er durch sein Schreien zu Gott auslöst. (17,4–6). Moses durchläuft also stets einen Transformationsprozess, lässt eigene Handlungsideen los, öffnet sich emotional und geistig einer Eingebung und hört auf diese, auch gegen den Anschein ihrer Sinnhaftigkeit. Er handelt gemäß der Inspiration und eröffnet so den Wandlungsprozess für das Volk, das sich ebenfalls neu dem Geschehen überlässt und überlebt.

Die Nähe des Volkes zu seinem Gott wird so stetig, dass Gott selbst sie zu einem Königreich von Priestern und zu einem heiligen Volk machen will (Exodus 19,6). Die Voraussetzung ist, dass sie seiner Stimme gehorchen und den Bund mit ihm halten. (19,5)

Die Intravision im Zustand der absoluten Gegenwärtigkeit ist so die Kernkompetenz des Heiligen Volkes. Im eigenen Stillesein, erfahren sie das Lebenspendende von Moment zu Moment.

Schon jetzt können wir uns vorstellen, dass es zu einer Überforderung kommen wird. Wer kann schon die ständige Präsens des Heiligen ertragen. Die Rückkehr auf die verfügbare Handlungsebene ist die zur Verfügung stehende Weiterentwicklung, die aber, wenn sie wieder zu Verfestigungen gerinnt, erneut ihr destruktives Potenzial auswirken wird.

6. Die Gottesbegegnung

Exodus 19

Gott selbst spürt, dass er die Menschen vor seiner dauernden Gegenwart schützen muss, dass es seelisch nicht zu leisten ist, ihn dauernd begegnend zu erfahren. So fordert er nur Moses auf, sich auf den Gottesberg in der Wüste Sinai zu begeben. Moses hört dort intravisorisch die offenbarenden Worte und gibt sie an die anderen weiter.

Der Gottesberg ist der höchste erreichbare Punkt, hier berühren sich Himmel und Erde und halten den Menschen in einem Zwischenreich, wo er Zugang zu beiden Sphären hat: zum Profanen und zum Heiligen gleichzeitig. Beides durchdringt einander. Ebenso Bewusstes und Unbewusstes. Das vorher Versunkene hebt sich nun in die Erscheinung und taucht vor dem geistigen Auge auf. Es wird spürbar für die innere Wahrnehmung.

Dazu braucht es vorher einen Weg darauf zu und hinterher einen Weg wieder davon weg. Moses steigt auf den Berg und wieder herab. Die anderen sollen sich auf das Erscheinen Gottes vorbereiten, ohne es aus der Nähe erfahren zu müssen.

Hier erleben wir eine Distanzierung und Stellvertretung. Das Volk darf eine Grenze am Fuß des Berges nicht überschreiten. Moses allein soll es tun. Es besteht die Gefahr, sonst zerschmettert zu werden.

Exodus 20

Gott erscheint selbst und offenbart seine zehn Gebote. Er gibt nun also Handlungsanweisungen von Tun und Unterlassen, da er sich aus der Gegenwärtigkeit mit dem ganzen Volk zurückgezogen hat. (20,19)

Das Volk entwickelt eine Angst vor der Gottesbegegnung. Sie befürchten zu sterben. Hier zeigt sich, dass sie das Loslassen aller Sicherungen verweigern, was einer Art Lebensübergabe gleichkommt und nun die Angst vor dem Identitäts- und Lebensverlust in die Phase 4 projizieren. Hier bereitet sich eine neue Problematik vor. Da die Großgruppe aus dem Transformationsprozess ausgegliedert wurde, werden die Inspirationen auch nicht mehr mitgetragen. Verstöße sind vorprogrammiert und müssen nun durch Drohungen und Macht-Erweise verhindert werden. (20,20) Das Volk fürchtet sich, und nur Moses naht sich dem Dunkel, darin Gott war.

In weiteren Überlieferungen (Exodus 24) bleibt Moses vierzig Tage nun aber im Bild einer Wolke bei Gott, was für die anderen aussieht wie ein verzehrendes Feuer. Die Projektion der Lebensvernichtung wird immer stärker an die Gottesbegegnung geschmiedet. Hier erscheint die Angst der Menschen genau vor der entscheidenden 4. Phase des Transformationsprozesses. Der Tod droht nun nicht mehr bei der Verweigerung der Gottesbegegnung (→ Schilfmeer), sondern genau bei seinem Einsetzen. So bereitet sich durch die Verwechslung das nächste Drama vor.

8. Das goldene Stierbild

Exodus 32

Moses bleibt zu lange weg bei Gott. Das Volk spürt, dass es sie nichts mehr angeht, was er dort treibt. Die Distanz zu ihrem Stellvertreter und zu Gott wird zu groß und unerträglich. Der Ruf nach einem Ersatz für die Gegenwart des lebendigen Gottes manifestiert sich in einem selbst geschaffenen Stierbild aus Gold. Die Kostbarkeit seelischer Erlebnisse wird ersetzt durch die Seltenheit materieller Rohstoffe. Die Stärke der Wirkung durch das Einströmen von inspirierender Lebenskraft wird ersetzt durch das Bild zeugender körperlicher Potenz im Bild des Stieres. Die Hingabe an die tragenden schöpferischen Impulse wird ersetzt durch das Fertigen einer eigenen Konstruktion vorgestellter Wirkungsfähigkeit. Die Gegenwart des Heiligen im Erleben wird ersetzt durch die Materialisierung eigener Vorstellungsinhalte geronnener Macht. Der lebendige Fluss schöpferischer Energien und Synergien wird abgelöst von zeichenhafter Verfestigung gewünschter Funktionen im Bereich manipulierbarer Konstruktionen.

Nicht länger mehr erschafft Gott das Leben und den Menschen in einem intensiven kokreativen Prozess, sondern der Mensch konstruiert ein Abzeichen des Göttlichen in eigener Verfügbarkeit. *Die Identität von Schöpfer und Geschöpf ist vertauscht.* Die Verwirrung und Selbstüberschätzung beginnt.

Geschehen konnte das nur, da das Gotteserleben für die Betroffenen zu lange ausblieb, sie nicht länger mehr Beteiligte waren. Sie haben sich selbst den Ersatz konstruiert und sich in der Täuschung verirrt, hier einen Gott geschaffen zu haben. Die Enttäuschung muss folgen und geschieht in brutaler Zerstörungskraft. (32,15–35). Es ist nicht einmal mehr möglich, Handlungsanweisungen durchzusetzen, sondern Moses zerschlägt die Gesetzestafeln, als er die gefertigte Gottheit und den Tanz um sie erblickt. Darüber hinaus wird diese Gruppe selber ausgelöscht.

Der Supervisor alleine kann den Prozess nicht aufrecht erhalten, wenn die Gruppe aussteigt. Die Gefahr, sich Täuschungen von Allmacht zu überlassen, scheint zu steigen, gerade da, wo ein Supervisionsprozess stattfindet. Die Ablösung des Prozesses von dem Erleben der Gruppe ist hier der Impuls für destruktives Ersatzhandeln der Teilnehmer. Das Risiko für eine Katastrophe steigt, wenn ein Prozess begonnen wird und in die Ebenen der Selbsttäuschungen und Verwechslungen abrutscht, ohne dass der Supervisor es merkt. Die Intravision des Leitenden ist scheinbar nur als Intervention für alle sinnvoll und entfaltet ein ungeheures Zerstörungspotenzial bei Fehlleitung. Daher scheint das Zurückschrecken eines Supervisors vor dem Transformationsprozess begründet, wenn er nicht sicher sein kann, dass die Gruppe noch mitkommt.

Die Geschichte Israels in der Wüste nimmt noch viele Wendungen, und das Volk hat noch weitere Auseinandersetzungen und Entwicklungsprozesse zu durchstehen, bis es an die Grenzen des verheißenen Landes kommt. Deuteronomium 34 erzählt, wie Moses das Land vom Berg Nebo aus schaut, es aber selber nicht betreten wird. Er übergibt die Aufgabe an Josua, seinen Begleiter und Nachfolger.

Wenn wir die Bücher 2.–5. Mose überschauen, und alle Ereignisse nur als einen ungeheuren Transformationsprozess einer ganzen Volksgruppe erkennen, so endet der Einfluss des Mose in Phase 5 mit dem Verdichten. Er löste das Volk aus der Sklaverei festgeschriebener Handlungsabläufe, forderte sie auf, inne zu halten und sich zu lösen.

Auf dem 40-jährigen Weg durch die Wüste, öffneten sie ihren Blick für neue Zusammenhänge, wurden geübt, Geist und Herz zu öffnen, um sich der Offenbarung Gottes auszusetzen. Nach der Gottesbegegnung ist die Vision des Kommenden sichtbar. Hier nun tritt Moses zurück. Die Eroberung der neuen Wirklichkeit wird Josua übertragen. Moses selber segnet und stirbt. Er stimmt dem Nahenden zu und gibt seine Autorität und Rolle weiter.

Für große Projekte könnte es notwendig sein, nach durchschrittener Ablösung und Inspiration auch den Supervisor zu wechseln, um die experimentelle Erprobung neuer Ideen in andere Begleitung zu übertragen, um Rückgriffe auf das Alte zu vermeiden. Notwendig wäre aber, dass der übernehmende Supervisor als Beteiligter des Prozesses seit Beginn anwesend war, sonst ist es ihm nicht möglich, an dem Geschauten Anteil zu haben und in Folge natürlich auch nicht, es in seiner geeigneten Umsetzung interventionell zu begleiten.

Ed Schein rät den Führungskräften ebenfalls eine aufmerksame Wahrnehmung der identitätsstiftenden Grundbewegungen ihrer Organisation, bevor sie verändernde Handlungsanweisungen einführen: »Entwickeln Sie eine analytischere und nachdenklichere Einstellung zur Kultur. Zügeln Sie den Impuls, sofort zu handeln. Falls Sie die Arbeitsweise Ihres Unternehmens verändern wollen, müssen Sie feststellen, auf welche Weise die vorhandene Kultur Ihnen hilft oder schadet.« (Schein 2003, 68)

9. Der Prophet Jona

Eine Erzählung eines Transformationsprozesses par excellence ist die des Propheten Jona. In 4 Kapiteln erlebt Jona selbst eine Wandlung, leitet eine bei den Bewohnern von Ninive an und beobachtet eine an einer Pflanzenstaude.

Jona

1,1–3: Jona erhält einen Auftrag, den er nicht annehmen will. Er flüchtet sich in defensive Strategien und versucht zu entkommen.

1,4–5: Gott stoppt seine Flucht durch einen Seesturm. Die Schiffsleute beten bereits und versuchen sich auf seine Weisung vorzubereiten.

1,6–10: Jona verweigert den Transformationsprozess, den er kennt, gibt sich aber als Verursacher der Schwierigkeiten zu erkennen.

1,11–16: Um die Probleme von den anderen abzuwenden, ohne sich Gott stellen zu müssen, ordnet Jona an, ihn ins Meer zu werfen.

Hier begegnet uns wieder das Bild des Meeres, das für die Tiefen des Unbewussten steht, aus dem das Leben kommt und in das es auch wieder versinkt. Jona fordert also, dass sie ihn töten. Lieber sterben, als die Transformation zu durchleben. Hier werden wir hingewiesen auf die enorme seelische Herausforderung und Anstrengung, die dieser Prozess den Menschen abverlangt.

2,1: Jona aber stirbt nicht, denn Gott rettet ihn. Das erwartete Schlimme tritt nicht ein. Der Kontakt mit dem Unbewussten erweist sich nicht als grauenhaft, sondern als bergend und bewahrend.

2,2–10: Hier erst, im Leib eines Fisches, findet Jona seine Sprache Gott gegenüber wieder.

Selbst im Unbewussten versunken, bleiben Menschen sprachfähig und auf das Wesentliche konzentriert. Jona betet. In seinem Gebet erkennt er die Gnade Gottes, die ihn aus dem Verderben errettet. Er spürt die tragende Lebenskraft auch in der Tiefe und verpflichtet sich ihr gegenüber.

Phase 4: Anwesend sein, ist erlebt und so wird Jona

2,11: wieder an Land gespuckt.

3,1: Es erfolgt die Wiederholung des Auftrags, die jetzt auf einen vorbereiteten Jona trifft.

3,2–4: Er hört die Botschaft und geht ihrer Umsetzung experimentell entgegen.

Ninive

3,5–9: Die Menschen und Tiere in Ninive hören die Ankündigung des Untergangs und lassen ab von den destruktiven Handlungsmustern, sie halten inne, öffnen Geist und Herz für die Konfrontation mit ihrem eigenen Leben und seinen destruktiven Folgen. Sie verzichten auf ihre Anmaßung und konzentrieren sich auf Gottes Willen. Sie bereiten sich auf eine Gottesbegegnung vor und überlassen sich ohnmächtig dem Gottesurteil. Sie selbst tun nichts, außer sich ausdrucksstark zu überlassen.

3,10: So wendet sich ihr Geschick und die Zerstörung wird gewandelt in neue Lebensmacht.

Jona

4,1: Jona kehrt nun nochmals zu seinem Ausgangspunkt zurück und startet eine Wiederholung des Widerstandes gegen die lebenspendende Güte Gottes.

4,2–5: Dieses Mal aber betet er direkt und äußert seinen Unmut. Dann zieht er sich zwar zurück, doch ohne eine Flucht zu versuchen. Er möchte aber seine Seele an Gott zurück geben. Seine Transformation ist noch nicht ganz vollzogen. Er begreift die Zusammenhänge noch nicht und kann ihnen auch nicht zustimmen. Hilflos begibt er sich in die Resignation und distanzierte Beobachtung.

Staude

4,6–11: Gott lässt eine Staude wachsen, die Jona Schatten spendet und ihn so erfreut, bald darauf aber verdorrte sie wieder. An ihr erlebte Jona den Schmerz der Lebenszerstörung und ärgert sich darüber.

Gott nimmt den Schmerz des Jona zum Gleichnis für seinen Schmerz über die Destruktivität der Menschen. Er bietet Jona einen Spiegel an, in dem er sich selbst zeigt und analog den Empfindungen des Jona erscheint.

Das *Spiegelphänomen* soll das Herz des Jona dem Lebensfluss gegenüber öffnen. Ob es geschieht, erfahren wir nicht, aber wir spüren seine Wirkung in dem eigenen Empfinden und sind so als weitere Ebene in das Geschehen einbezogen.

Auch in uns vollzieht sich spiegelgleich dieselbe Auseinandersetzung wieder.

Das Gelingen der Transformation eröffnet Leben und Zukunft, das Ausweichen lässt verdorren und destruktiven Einflüssen erliegen.

B. Das Neue Testament

1. Die Taufe Jesu
Matthäus 3,13–17

Jesus kommt zu Johannes dem Täufer, um sich taufen zu lassen. Viele kommen zu Johannes an den Jordan. Bei Jesu Auftauchen schreckt Johannes aber zurück und erkennt den Vorrang Jesu an. Jesus aber besteht auf dem Vollzug der Taufe: » Lass es jetzt geschehen! Denn so gebührt es uns, alle Gerechtigkeit zu erfüllen.« (Mt 3,15).

Jesus fügt sich ein in das Geschick seines Volkes, auch er nimmt für sich die Taufe zur Buße in Anspruch. Er teilt das Menschsein seines Volkes vollständig. Hier ging das Innehalten von Johannes aus. Jesus nimmt ihn hinein in die Erweiterung der Perspektive und das Empfinden der Erlösungsbedürftigkeit.

Die Taufe kann geschehen. Das Untertauchen im Wasser des Flusses ist ein Eintauchen in den Raum der Stille (Phase 4), in das Staunen über die Gegenwärtigkeit des Lebens. Das Auftauchen muss bald erfolgen, da sonst Ertrinken droht. Dieser Zustand darf also nur begrenzt eingenommen und ausgehalten werden.

Symbolisch wird in der Taufe die Geburt wiederholt. Der Mensch wird aus dem Wasser gehoben und seinen Eltern übergeben. Das Atmen und die Existenz in der Weite der Wirklichkeit beginnen.

Herausgehoben aus dem Wasser (= Fruchtwasser) tut sich Jesus der Himmel auf, er kann in die Weite blicken (= Phase 5: Verdichten) und beginnt zu sehen, wie sich der Geist Gottes ihm nähert und hört, wie eine Stimme ertönt: »Dies ist mein lieber Sohn …« (Mt 3,17).

Die Elternschaft Gottes wird über Jesus proklamiert. Die Wandlung vom Menschensohn zum Gottessohn ist vollzogen worden. Jesus ist nun der Prototyp des neuen Menschen, der vom Geist Gottes geleitet wird. Die Umsetzung seiner Fähigkeiten in sein Wirken hinein liegt nun vor ihm.

2. Die Versuchung Jesu
Matthäus 4,1–11

Der Versuchung Jesu geht seine Taufe voraus (Mt 3,13–17). Sie ist die öffentliche Proklamation Gottes, die Jesus als seinen Sohn einsetzt und mit dem Heiligen Geist begabt. So ausgestattet ist Jesus der Probe ausgesetzt, ob er dem Geist Gottes in sich Raum gibt und ihm folgt. Hier wird die Wandlung des Menschensohnes in den Gottessohn überprüft. Es ist der Geist, der Jesus in die Wüste führt. Damit ist sein natürlicher Lebensweg als Sohn des Zimmermanns, als Ältester in der Geschwisterkette, als Versorger der Familie … unterbrochen.

Es kommt zu einem Innehalten und zu einer Öffnung gegenüber der Überprüfung des eigenen Vertrauens ins Leben auch angesichts von Bedürftigkeit, Verletzlichkeit und Ohnmacht. Der Versucher ist der Teufel, sein Angebot von Sicherheit, Gesundheit und Macht wird als diabolisch charakterisiert, als zunächst verlockend, doch im Kern destruktiv.

Die Frage ist nun, ob es Jesus gelingt, sich zu überlassen und den Lebenskräften Gottes auch im Ausgesetztsein so intensiv zu vertrauen, dass er die schnellen und verlockenden Lösungen als Täuschung durchschaut und zurückweist. 40 Tage und Nächte ist Jesus allein und fastet. Er lässt seine früheren Perspektiven und Handlungen los, öffnet sein Empfinden für eine neue Ausrichtung, bereitet sich im Verzicht auf die Gottesbegegnung in der nackten Präsenz vor.

Doch zunächst begegnet ihm der Teufel. Hier werden wir mit dem Risiko des Prozesses konfrontiert. In der Öffnung für eine Transformation begegnen einem zunächst die Gespenster der Versuchung. Sie locken mit dem Naheliegenden und bieten es für eine sofortige Erfüllung an, in der der Mensch autonom und selbstbestimmt bleiben kann.

Hier ist der Mensch in seiner Möglichkeit zur Tat, zur Lebensbewahrung und Entscheidungsfähigkeit aufgerufen. Die Versuchung liegt darin, diese Möglichkeit isoliert vom Gesamtzusammenhang des Lebensprozesses zu nutzen und die tragenden, unverfügbaren und schöpferischen Lebenskräfte zu leugnen. Die drei Versuchungen beziehen sich auf:

a) die körperliche Bedürftigkeit nach Nahrung. Das Angebot lautet: du selbst kannst Steine in Brot verwandeln und bist nicht mehr angewiesen auf zugewandte Versorgung. Jesus bleibt in der Wahrnehmung seiner Bedürftigkeit und weitet sie auch noch aus auf seine seelische Angewiesenheit bezogen auf Gottes Wort.

b) die körperliche Verwundbarkeit und Sterblichkeit. Das Angebot lautet: du kannst ruhig Risiken eingehen, die eigentlich deine Grenze überschreiten, da du dich auf deinen Anspruch auf Glück und Lebensrecht verlassen kannst. Jesus bleibt auch hier in der Achtung seiner menschlichen Grenzen und überlässt das Schenken von Leben der göttlichen Entscheidungsfreiheit.

c) die Sehnsucht nach Fülle und Gestaltungsmacht und Durchsetzung des eigenen Willens. Das Angebot lautet: du kannst machen, was du willst, alle Möglichkeiten darfst du nutzen, du hast eine beliebige Auswahl an Einflussmitteln, um deine Ansprüche umzusetzen.

   Hier formuliert der Teufel zum ersten Mal seine Bedingung: *Wenn du niederfällst und mich anbetest.* Er gibt sich zu erkennen, als ein Wesen, das Unterwerfung fordert. Die angebotenen Lösungen müssen mit dem Preis der Fremdverfügung bezahlt werden und enttarnen sich als Scheinlösungen, die noch tiefer in Zwänge führen. Jesus durchschaut das Angebot und weist den Teufel zurück, indem er ihn identifiziert. *Weg mit dir, Satan!* Er bleibt in der Einfügung in die Ordnung der Welt, so wie sie von Gott geschaffen ist. Und obwohl Jesus in der Haltung der Anbetung und des Dienens bleibt, wird er dadurch nicht entwürdigt oder genötigt. Er übersteht die Vorbereitung der Phase 4 und tritt in die vollständige Präsenz.

Hier jetzt zeigt sich der Unterschied zwischen Teufel und Gott. Die Gottesbegegnung wird verschlüsselt beschrieben: *Und siehe, da traten Engel zu ihm und dienten ihm.* Gerade in der Anbetung erfüllen sich alle Bedürfnisse und Wünsche, indem sie von außen zugewendet werden. Die Engel sorgen für sein Leben, sie geben ihm, was er braucht und sie dienen ihm.

Alle drei Versuchungen werden schließlich entmachtet, indem die tatsächlichen inhaltlichen Lösungen geschenkt werden, ohne die Grenzen des Menschlichen zu überschreiten und Unterwerfung zu fordern. Der Kipp-Punkt ist gemeistert und nun kristallisiert sich heraus, dass es weitergeht.

In den folgenden Versen beschreibt Matthäus, den Beginn der Wirksamkeit Jesu. Jesus beginnt in Galiläa zu predigen = Phase 6: Erproben. Daraufhin beruft er die Jünger = Phase 7: In die Welt bringen.

Zusammenfassend lässt sich sagen, dass die Phase 4 das Risiko der Täuschung in sich trägt, in der kurzfristige Scheinlösungen aus Gründen der Angstbewältigung gewählt werden. Durch die Überwindung der Angebote von Grenzenlosigkeit schenkt sich die Fülle der Präsenz mit ihrem Fächer an wirklichen, tragfähigen Lösungen. Jesus ist vorbereitet, diese Fülle aufzunehmen und kann aus ihr schöpfen.

3. Die Verklärung Jesu

Matthäus 17,1–13

Wir haben es hier mit einer Initiationgeschichte des Christentums zu tun. Das Potenzial, das in der Gotteskindschaft liegt, entfaltet seine Möglichkeit in majestätischem Glanz. Die ersten Zeugen werden involviert. In der Vorgeschichte hat Jesus sein Leiden, seinen Tod und die Auferstehung angekündigt. Auch hat er bereits Hinweise auf seine Nachfolge gegeben. Es gibt eine Vision des Kommenden.

Sechs Tage nach den Ankündigungen nimmt Jesus den Petrus und die Brüder Jakobus und Johannes mit sich auf einen hohen Berg. Er hält inne im Verkünden und Heilen und begibt sich mit drei Jüngern auf den Berg. Auch hier erscheint der Berg als der höchste Punkt der Erde und der nächstmögliche Ort, bezogen auf den Himmel. Beim Aufsteigen erweitert sich auf natürliche Weise die Perspektive, und wir können davon ausgehen, dass sich auch das Empfinden verändert und sich im Loslassen der Alltagsverpflichtungen einem besonderen Erlebnis öffnet.

Im Erreichen der Berghöhe sind die vier Männer auch seelisch in der vierten Phase des Transformationsprozesses angekommen. Jesus tritt vor ihren Augen in einen Zustand reiner Präsenz: *und er wurde verklärt vor ihnen, und sein Angesicht leuchtete wie die Sonne, und seine Kleider wurden weiß wie das Licht.* (Mt 17,2)

Jesus hat sich vollständig der Anwesenheit des Heiligen überlassen und es erfüllt ihn mit Lichtglanz bis zu seinen Kleidern. In diesem Zustand treten Moses und Elia zu ihnen und reden mit Jesus. Aber auch für die Jünger sind diese beiden sichtbar. Petrus sagt zu Jesus: Herr, hier ist gut sein! Willst du, so wollen wir hier drei Hütten bauen, dir eine, Moses eine und Elia eine. (Mt 17,4)

Hier zeigt sich die Versuchung der vierten Phase. Das Erleben ist so wunderbar und übermächtig, dass die Gefahr besteht, in ihr verharren zu wollen. Der betroffene Jesus erliegt ihr nicht, vielmehr seine Begleiter. Sie wollen Hütten bauen für ihn und seine Vorgänger, damit sie dort bleiben können im Licht des Himmels.

In diese Phase hinein verdichtet sich das Heilige zu einer sichtbaren lichten Wolke und wird in seiner Botschaft sogar hörbar: *Dies ist mein lieber Sohn, an dem ich Wohlgefallen habe; den sollt ihr hören!* (Mt 17,5).

Hier treten bereits die Ahnungen in einen kristallisierenden Zustand. Der Inhalt wirft die Jünger zu Boden und sie erschrecken sehr. Nach dieser 5. Phase ist auch Jesus wieder handlungsfähig. Er tritt zu den Jüngern, rührt sie an und spricht: *Steht auf und fürchtet euch nicht!* (Mt 17,7)

Die Jünger waren wie in Verzauberung, als Jesus im Licht leuchtete = 4. Phase, hier wollten sie bleiben. Mit der Konkretion der Botschaft von der Gottessohnschaft Jesu aber erschrecken sie heftig und gehen in eine Demutshaltung = Phase 5. Der erlebte Inhalt aus der Folge der Präsenz kann so erschüttern, dass es eine Ermutigung braucht = Phase 6, die von außen berührt und in eine Handlungsanweisung mündet. Der zu erprobende Auftrag lautet: *den sollt ihr hören!*

Obwohl die Gruppe sich gemeinsam auf dem Berg befindet, geschieht die Verklärung nur Jesus. Es ist vielleicht nicht jedem Teilnehmenden möglich, in den absoluten Zustand der Präsenz hineinzufinden. Vielleicht untersteht das Erleben auch nicht der eigenen Verfügung, sondern ist eher eine Art Erwählung durch das Heilige, das sich unterschiedlich intensiv zumutet. Jedenfalls konnten die Jünger als Beobachter in diesen Raum hineinblicken und sich in einen tranceartigen Zustand begeben. Die Furcht kam nach der Botschaft. Es kann hier aber von einer Art Ehrfurcht die Rede sein, die in ihrer Stärke überwältigte.

Als die Jünger wieder aufblicken, sehen sie nur noch Jesus. Die Erscheinungen sind vorbei. Im Heruntersteigen vom Berg und der Annäherung an die Wirklichkeit weist Jesus die Jünger an, die Erscheinung zu verschweigen, bis er auferstanden ist. Die Umsetzung = 7. Phase soll noch aufgeschoben werden, bis weitere Ereignisse nach Deutungen verlangen.

Die Verklärung ist somit eine Vorlage für die Auferstehung Jesu nach seinem Tod. Er trat in den Raum der Herrlichkeit, bevor er starb, und ließ die Jünger Anteil nehmen an dem, was ihm bereitet war. Die Aufforderung, sich nicht zu fürchten, kann später aktiviert werden, wenn die vordergründigen Geschehnisse in Panik versetzen müssten. So bereitet diese Transformation eine noch größere vor und beteiligt bereits Zeugen.

Jesus erklärt noch die Zusammenhänge zwischen Elia und Johannes dem Täufer und dessen Aufgabe als Vorgänger für ihn selbst. Hier sind wir bereits im Alltagsbefinden wieder eingetroffen. Sachliche Fragen und Zusammenhänge können nun begriffen werden und bereiten seelisch auf das Kommende vor.

Durch diesen Prozess werden die Jünger auch zukunftsfähig für die Zeit der leiblichen Abwesenheit Jesu. Sie erhalten den Missionsbefehl (Mt 28,16–20) vom Auferstandenen. Hier gibt es die inhaltliche Klärung für die Aufforderung, auf den Sohn Gottes zu hören, mit den konkreten Handlungsanweisungen. Hier kommt Phase 7. des begonnenen Prozesses zum Tragen.

Das Miterleben der Transformation des Menschensohnes zum Gottessohn könnte auch eine Vorbereitung des Petrus gewesen sein, die ihn im Transformationsprozess von einem Nachfolger zu einem Verleugner bis hin zu einem Felsen der frühen Gemeindebildung, der eigenständig die Umsetzung weiter führte, reifen ließ.

Jesus überträgt sein Erleben über die Jünger auf die ersten Christen. An ihm wird sichtbar, wozu Christen in der Lage sein werden. Ein ganz ähnliches Phänomen hat Ed Schein auch beschrieben: »Im Allgemeinen resultiert der Gehalt einer gegebenen Kultur aus der professionalen Kultur der Gründer und Führungskräfte der Gruppe oder Organisationen. Da die Mission oder Kernaufgabe einer Organisation darin besteht, Produkte oder Dienstleistungen zu schaffen, die ihr gesellschaftliches Umfeld will und braucht, spiegeln erfolgreiche Organisationen gewöhnlich eine Übereinstimmung wider zwischen der wesentlichen Technologie (…) und den professionalen Fähigkeiten der Gründer und Führungskräfte.« (Schein 2005, 41)

4. Jesus in Gethsemane
Matthäus 26,36–46

Jesus weiß um seine Todesgefahr. Er erkennt die Feindschaft und ordnet ihr das darauf folgende Handeln zu. Oft genug hat er erlebt, dass die Menschen noch nicht verstehen konnten, wovon er sprach, dass er mit seinem Bewusstsein seiner Zeit voraus war. Er konfrontierte sich mit den Folgen, die er erwarten musste und kämpfte, um dem Geschehen innerlich zustimmen zu können, ohne sein Vertrauen ins Leben und ohne seine Verbindung zum Himmel und seine Liebe für die Menschen zu verlieren.

Jesus selbst durchschreitet den Transformationsprozess fast bilderbuchmäßig.

1. Er hält inne in seinem Verkündigungstun und zieht sich zurück. Er versucht, seine Jünger zum Begleiten aufzufordern. Die Jünger aber schlafen wiederholt ein und werden dann auch folgerichtig von den Ereignissen überrascht.

2. So vollzieht er alleine seinen inneren Prozess, seine Transition. Er betet und sieht sein Bemühen, das Reich Gottes in den Herzen der Menschen aufzurichten, als begrenzt durch deren Empfindungslosigkeit an. Er hält diesen Anblick des sinnlosen Lebensverzichtes aus und

3. fängt an zu trauern und zu zagen. Das Hinspüren in die Ausweglosigkeit seiner Situation, an der Unbewusstheit seiner maßgebenden Umwelt mit vollständiger Wahrnehmung zu scheitern, bringt ihn fast an den Rand des Ertragen-Könnens.

4. Er ringt um das Loslassen all seiner Wünsche, Pläne, Hoffnungen, ja sogar seines Lebenswillens und um die Kraft, dennoch die Hingabe an die größere Liebe durchzuhalten.

5. Das Wissen um seine Ohnmacht gegenüber der Härte seiner Verfolger lässt ihn den Verräter erwarten, seine Passion beginnt im realen Vollzug.

6. Er stellt sich den Verhören, ohne seine Botschaft zu verleugnen.

7. Er erträgt Folter und Tod, ohne seine Liebe zu verraten.

Das Durchschreiten seines Transformationsprozesses, alleine, bis zum Foltertod, ohne den Himmel in der eigenen Seele untergehen zu lassen, bereitete ihn auf die noch folgende Transformation vom Getöteten zum Auferstandenen vor. Jesus hat immer wieder kleine und große Transformationsprozesse durchlebt, alleine und im Austausch mit den Menschen, oder er wirkte transformierend für Menschen. Er hat es darin, sich dem Wandlungsprozess zu überlassen, zur Meisterschaft gebracht und die Möglichkeiten eines Menschen bis zum äußersten Grund ausgeschöpft. An ihm ist der Auftrag an den Menschen, sich zum Göttlichen hin zu entwickeln, vollständig sichtbar geworden und er wurde intensiv von ihm erfüllt. Von Jesus hören wir den Rat: »Wachet und betet, dass ihr nicht in Anfechtung fallt! Der Geist ist willig; aber das Fleisch ist schwach.« (Mt 26,41).

Das Menschenbild, das uns hier begegnet, ist das eines Wesens in der Spannung der Pole: Geist und Fleisch, himmlisch und irdisch, flexibel und stabil, bewusst und unbewusst, visionär und pragmatisch, träumend und handelnd, selbstbeobachtend und vollziehend, hingebend und eingreifend, erkennend und verdrängend, resonanzfähig und empfindungslos …

Die Spannung will in Momenten der Seligkeit und Kongruenz überwunden werden durch Übereinstimmung der Reflexion mit seinem zugrunde liegenden Sein. Hier fallen Himmel und Erde so ineinander, dass der Einzelne zugleich Menschenkind und Gotteskind ist, zugleich in Verbindung mit sich und der Welt steht. Das ist die *Erlösung*. Ihr gilt die tiefste Sehnsucht der Menschheit.

So werden auch die Pole Subjektivismus und Objektivismus ausgelotet und insofern überwunden, als der konstruierende Mensch als Subjekt sich in Bezug setzt zu dem erlebenden Menschen als Objekt und um Übereinstimmung ringt, so dass es zu einer *Rekonstruktion des objektiven Selbst in dem subjektiven Bewusstsein* kommt. Der Mensch sinkt entsprechend von dem Erleben ins Empfinden, wo Subjektsein und Objektsein verschmelzen zum *Lebendigsein.*

Hier findet die spirituelle Inspiration ein reales Handlungsfeld und die pragmatischen Vollzüge öffnen sich einer bedeutsamen Tiefendimension. Der Mensch ist demgemäß als transformierendes Wesen geschaffen, das sich auf diesen Prozess wellenförmig immer wieder einlassen kann.

Nach einer Phase des Präsentseins entsteht in der inspirierten Kreation eine neue Wirklichkeit, um sich zunächst auch an der Oberfläche zu behaupten und dann wieder erneut über geöffnete Wahrnehmungen rationaler und emotionaler Art einer vertiefenden Vergegenwärtigung auszusetzen und die nächsten Entfaltungswege anzubahnen.

Der Mensch ist in seiner Anlage ein Werdender und Wachsender, ein sich Wandelnder und Beobachtender. Es zieht ihn vom Heiligen, das in ihm liegt, in die profane Verwirklichung, die ihm Raum schenkt und gesicherte Erfahrung in der Erinnerung bewahren lässt.

5. Tod und Auferstehung Jesu

Matthäus 27,31–28,20

Tod und Auferstehung sind die dramatischste und intensivste Variante einer Transformation. Größer kann ein Zurücklassen von Vertrautem nicht sein, enger kann der Wandlungsmoment nicht mehr werden und ungewisser ist keine, als die Zukunft nach dem Tod.

Jesus verliert alles, seine Freiheit, seine Freunde, seine Würde, seine Unantastbarkeit, seine Kraft, sogar die Gottesnähe: *Mein Gott, mein Gott, warum hast du mich verlassen?* (Mt 27,46) und schließlich sein Leben. Er muss alles aufgeben und sich überlassen. Was ihm bleibt ist die Selbsttreue, er verrät weder seine Liebe noch sein Vertrauen, noch seine Freunde. Er gelangt an den Ort absoluter Ruhe: den Tod. Sein Leib liegt in einem Felsengrab. Er ist vollständig auf die tiefste Kraft in ihm angewiesen. Nichts kann von außen noch zu ihm dringen. In diesen drei Tagen der Abgeschiedenheit geschieht die Transformation, die sogar seinen Leib erfasst.

Er ist irdisch nicht mehr greifbar (Mt 28,6), erscheint als Auferstandener aber wieder berührbar, sichtbar und hörbar. (Mt 28, 9–10+18) Er wirkt aus einer neuen Vollmacht und beauftragt seine Jünger im Missionsbefehl, wie deren Nachfolge aussehen und auf welche Bereiche sie sich beziehen soll (Mt 28,18–20). Die Jünger sind die Prototypen der neuen Menschheit, die das Reich Gottes in die Welt bringen werden.

6. Petrus

Johannes 21, 15–17

Der auferstandene Jesus, nimmt in dieser Geschichte einen besonderen Kontakt zu Simon Petrus auf. Er fragt ihn: »… hast du mich lieb?« (Joh 21,16). Jesus fragt ihn dreimal, so als müsste seine Frage durch mehrere Schichten in Simon sickern. Wir könnten uns vorstellen, dass die angefragte Liebe überprüft wird auf der Handlungsebene, in der Selbstreflexion und im emotionalen Erleben. Simon öffnet sich stufenweise, um antworten zu können. Jedes Mal bestätigt er: »Ja, Herr, du weißt, dass ich dich lieb habe.« (Joh 21,16) Die Anweisungen lauten daraufhin: »Weide meine Lämmer!«, »Weide meine Schafe!«

Wollten wir diese Worte in die supervisorische Sprache übersetzen, könnten wir sagen: Eröffne ihnen einen Lebensraum, lass sie wachsen und schütze sie, gib ihnen Orientierung und warne sie, weise den Weg zu neuen Möglichkeiten, leite sie an, in ihrem Zusammensein sich gegenseitig zu unterstützen., begleite ihren Prozess und gib ihnen Zeit.

Der auferstandene Jesus eröffnet einen größeren Zeitraum für Entwicklung und Bewusstwerdung, er geht nicht mehr von einer plötzlichen, kurzfristigen Lösung aus. Im Grunde fordert er Simon auf, supervisorisch den Prozess der Weiterentwicklung des Volkes auf das Reich Gottes hin zu begleiten.

Zu beachten ist dabei die Parallelität zu den Hinweisen von Welter-Enderlin: Die Rolle des Supervisors ist nicht die eines Experten, sondern eines Wegbegleiters, der selbst mit unterwegs ist, sich aber am Prozess orientiert, was meint: »… Menschen ermutigen, Unsicherheit, Ungewissheit und Unschärfe im Vertrauen darauf zu tolerieren, dass je mehr sie diesem Nebel vertrauen, desto eher werden neue Konturen sichtbar.« (Welter-Enderlin 1996: Zur Bedeutung der Kontextsensibilität in der systemischen Supervision, 264)

7. Das Pfingstwunder

Apostelgeschichte 2,1–13

Mit einem Brausen setzen sich die Feuerzungen auf die Apostel und der Heilige Geist lehrt sie in einer außergewöhnlichen Sprache zu predigen.

Das Pfingstgeschehen ist der Ausdruck von Phase 5: es verdichtet sich eine neue Botschaft. Jeder kann sie in seiner eigenen gewohnten Sprache verstehen. Es stellt sich ihnen die Frage: »Was will das werden?« Den Betroffenen zeigt sich, dass etwas Unbekanntes, sie Berührendes beginnt. Sie realisieren, dass ihr früheres Zusammensein mit Jesus nun vorbei ist. Jesus ist in den Himmel aufgefahren. Sein Erdendasein ist abgeschlossen. Er kann nun nicht mehr direkt Weisung und Deutung geben. Die Möglichkeit, aus Jesu Mund Gottes Stimme zu hören, ist nun vorbei. Ohne die Orientierung über die tieferen Hintergründe und den Kontakt mit dem Göttlichen ist das Leben kaum zu verstehen. Nach einer Zeit der Ratlosigkeit verbindet sich nun der Heilige Geist mit dem persönlichen Geist der Apostel. In ihnen kristallisiert sich aus der bildhaften Inspiration eine klare Botschaft heraus. Die Erzählung der großen Taten Gottes, sozusagen die eigenen Lerngeschichten in der Begegnung mit dem Heiligen, entwickelt sich weiter zu einer Vision, die die Menschen ausrichten auf eine sich wandelnde Zukunft.

In diese Zukunft sollen unterschiedliche Volksgruppen einbezogen werden. Sie kommen aus sehr verschiedenen kulturellen, religiösen und sprachlichen Umwelten. Sie in einer gemeinsamen Bewegung zusammenzuführen, wird später die Aufgabe der Kirche werden. Natürlich sind bereits im Beginnen Schwierigkeiten angelegt, die sich später auswirken werden.

Ed Schein hat analoge Phänomene in der kulturellen Analyse von Organisationen beschrieben: »Was es in Organisationen zusätzlich komplex macht, ist die Tatsache, dass die Teilsysteme ihre eigenen Kulturen entwickeln und oft miteinander im Widerspruch oder zumindest nicht mehr im Gleichklang miteinander sind.« (Schein 2005, 51)

Er rät zu einer Haltung, die in der Kirchengeschichte ihren beobachtbaren Niederschlag gefunden hat: »Unsere wachsende Bewusstheit für Organisationskulturen und Subkulturen wird sicherstellen, dass alle unsere Interventionen in gemeinsamer Verantwortung mit dem Klienten getragen werden, so dass jegliche weitere Maßnahmen innerhalb der bestehenden Kultur durchführbar sind und aus ihrer Stärke Nutzen ziehen. Wenn wir Elementen der Kultur begegnen, die Hindernisse darstellen, dann werden wir realistisch mit unserem Klienten daran arbeiten, den viel schwierigeren und zeitraubenderen Prozess anzukurbeln, diese Elemente zu verändern, wobei wir immer darauf bedacht sein werden, andere Elemente der Kultur als Kraftquellen für das Veränderungsprogramm zu benutzen.« (Schein 2005, 52–53)

Mit dem Pfingstgeschehen hat die Ausbreitung des Christentums über den Erdkreis begonnen. Dabei mussten die Ressourcen der vorhandenen Religionen und Kulturen sowohl genutzt, als auch allmählich inhaltlich verändert werden. Die Transformation betraf ganze Volksgruppen. Sie sollten sowohl am Leben bleiben und als Gruppe ihre Ordnung aufrecht erhalten, als auch dennoch sich innerlich auf eine neue Denk- und Lebensweise ausrichten. Dieser Christianisierungsprozess hat auch seinen Preis gehabt, wie wir heute oft erschüttert zur Kenntnis nehmen müssen.

8. Die Heilung eines Kranken am Teich Betesda

Johannes 5,1–9

Beachten wir den Hinweis von Ed Schein und beziehen wir ihn auf die biblischen Zusammenhänge, dann lassen sich die heutigen Beobachtungen fast identisch auch auf das damalige Erleben anwenden. Die Struktur menschlicher Begegnung scheint eine Art Kontinuität aufzuweisen, die über Jahrhunderte gleich geblieben ist. Ed Schein beschreibt das verändernde Moment in jeder menschlichen Interaktion wie folgt: »Immer wenn wir mit einem anderen Menschen oder einer Gruppe interagieren – sei es in der Rolle eines Beraters, eines Freundes, eines oberflächlichen Bekannten oder eines Fremden – befinden wir uns in einem Prozess, dynamischer gegenseitiger Einflussnahme, der gleichzeitig Daten offenbart, die interpretiert werden können und aus denen gelernt werden kann, und der sich in Folge der Interaktionen verändert.« (Schein 2005, 44)

Die Heilungsgeschichte beginnt mit dem Wunsch eines Kranken, durch das Eingreifen eines Engels und eines unterstützenden Menschen seine Gesundheit wieder zu erlangen. Der Veränderungswunsch ist stark, führt aber zunächst nicht weiter.

Ein kranker Mensch liegt 38 Jahre am Teich Betesda und wartet, dass der Engel des Herrn das Wasser bewegt und er in diesem Moment von jemandem ins Wasser gebracht wir, um gesund zu werden. Sein Warten auf die Hilfe zum richtigen Zeitpunkt erscheint ihm mittlerweile selbst als hoffnungslos. (Joh 5,7) Die Fortsetzung dieses gewohnten Verhaltens wird er aufgeben müssen. Bis zur Neige hat er gesehen, gespürt und durchlebt, dass es so keine Heilung für ihn gibt. Er kann dieses Vorgehen loslassen, nicht aber seine Sehnsucht nach vollständigem Leben. Diese Sehnsucht ruft Jesus auf: »Willst du gesund werden?« Ratlos berichtet der Kranke von den gescheiterten Versuchen. Ihm fehlt der neue Impuls, das neue Bild für sein Leben. Er ist im Raum der Gegenwärtigkeit, aber empfängt dort keine Vision seiner Zukunft. Eine Aufforderung Jesu aber genügt: »Steh auf, nimm dein Bett und geh hin!« (Joh 5,8), um ihn in einen aktiven und selbstbestimmten Zustand zu bringen. Von dem Angewiesensein in die Selbsttätigkeit, von dem Getragensein in das aktive Tragen, von dem stagnierenden Warten in die Bewegung nach vorne wandelt sich auf dem Scheitelpunkt der Erkenntnis von Aussichtslosigkeit die Haltung und Dynamik des Kranken. Die Gesundheit kann kommen.

Jesus hat nicht den ganzen Prozess begleitet. Er begegnet erst in dem Moment, da der Kranke bereit ist loszulassen. Er ist bereits an der Schwelle zur Phase 4: er ist eigentlich nur noch anwesend, er ist wahrscheinlich bereits in dem Raum des Stilleseins, in dem es kein Handeln mehr gibt. Jesus begibt sich direkt, ohne lange Vorbereitung zu ihm in diesen Bereich und spricht intravisorisch in das geöffnete Empfinden eines Menschen hinein. Seine Worte sind der direkt stimmige Impuls zur Neuausrichtung und nehmen die kommende Handlung voraus. Die Lebenskraft des Gelähmten wird unvermittelt aufgerufen. Einmal angestoßen, beginnt sie dann in dem Mensch zu wirken und sich durchzusetzen. Die Heilung wird Realität.

In dieser Geschichte wird die Impulskraft intravisorisch gesprochener Worte besonders deutlich. Es ist, als ob der Schlüsselsatz der Lösung zugesprochen werden muss, da er im eigenen Bewusstsein nicht auftaucht, 38 Jahre lang nicht. Es braucht aber keinen ausgedehnten Prozess mehr, da der kranke Mensch bereit ist für die Transformation zu einem gesunden, aktiven Menschen. Der Gelähmte kann die gehörten Worte sofort und vollständig aufnehmen und sich von ihnen zu seinem Leben inspirieren lassen. Der empfindsame, klare und deutliche Intravisor Jesus überträgt keine eigenen Lösungsbemühungen auf den anderen, sondern setzt in diesem das ureigenste, doch verborgene Lösungspotenzial frei. Intravision ist eben keine Übertragung eigener Strategien auf andere mit der Gefahr des seelischen Übergriffs und der Abhängigkeit des Geheilten, sondern die Selbstzurücknahme ist Voraussetzung, um sich dem anderen Schicksal gegenüber zu öffnen, um dann aber im Zustand der Gegenwärtigkeit das Lebensbild eines fremden Menschen im eigenen Bewusstsein aufnehmen zu können und es dann in klarer Sprache für den anderen begreifbar zu machen. Intravision setzt, wie wir hier beobachten, eine Haltung der Offenheit und Durchlässigkeit voraus, die den anderen in seine Freiheit ruft und entlässt. Jesus muss ein Meister darin gewesen sein.

Diese Kraft intravisorisch empfangene Bilder in unverhüllten Worten direkt einem Menschen oder einer Menschengruppe zu sagen, verhalf einerseits zum Durchbruch des gestauten Lebens, erregte aber andererseits intensiven Ärger, wie wir in der folgenden Geschichte erfahren.

9. Die Frage des Nikodemus

Johannes 3,1–12

Die rätselhafte Aussage Jesu: *Es sei denn, dass jemand geboren werde aus Wasser und Geist, so kann er nicht in das Reich Gottes kommen.* (Johannes 3,5b), gab immer wieder zu Deutungsversuchen Anlass. Mit dem Modell der Transformation haben wir nun ein neues Mittel vorliegen, den benannten Inhalt einzuordnen.

In diesem Text werden wir mit dem Erleben der Pharisäer konfrontiert, die die jesuanische Botschaft als Zumutung empfanden. Nikodemus ist einer von ihnen, einer der Oberen der Juden, somit ist er gebildet, engagiert, einflussreich, in den Schriften kundig und traditionsbewusst.

In den Kreisen der Pharisäer wurde Jesus mit Meister angesprochen, er war von ihnen als Lehrer, der von Gott gekommen ist, anerkannt. Jesu Zeichenhandlungen konnten von ihnen im gewohnten Kontext nicht anders erklärt werden.

Die Pharisäer als Hüter der Gesetze setzten sich dafür ein, die rechte Lebensführung zu eruieren und auszuüben. Dabei griffen sie auf die Tradition zurück. In unseren Sprachgebrauch müssten wir sagen, sie versuchten den Vorgang des Runterladens aufrecht zu erhalten, und setzten dazu defensive Strategien ein.

Nikodemus ist einer dieser Pharisäer, die wohl lernen wollen, aber nur im Sinne der Ausformung von Details und der Aktualisierung des bereits ergangenen Gotteswillens. Er scheint aber zu spüren, dass dieses Verfahren nicht weiterführt und von Jesus eine weitere Antwort auf die Lebensfragen gegeben werden kann. Er hält also inne und begibt sich damit an den Start des Transformationsprozesses. Intuitiv scheint er zu wissen, dass er hier bereits befremdliches Neuland betritt. So nähert er sich in der Nacht, im Geheimen und Verborgenen und sagt: *…niemand kann die Zeichen tun, die du tust, es sei denn Gott mit ihm.* (Joh 3,2).

Es gibt also bereits die Vorstellung einer Kooperation von Mensch und Gott, die, wenn sie erfolgt, beeindruckend und kraftvoll ist. Jesus verändert die Perspektive: *Es sei denn, dass jemand von neuem geboren werde, so kann er das Reich Gottes nicht sehen.* (Joh 3,3). Jesus verhält sich ganz wie ein moderner Berater, er geht so vor, wie auch Ed Schein es für sich definiert: »Ziel meiner Intervention ist es, auf der einen Seite eine Beziehung aufzubauen und auf der anderen Seite mehr zu erfahren (Daten zu sammeln), aber man beachte, dass ich mit der Intervention beginne, nicht mit der Diagnose … Alle Anfangsinterventionen sind darauf ausgerichtet, eine vertrauensvolle Beziehung zu ihm aufzubauen, nicht als Selbstzweck, sondern um die präzise Kommunikation zwischen uns zu fördern.« (Schein 2005, 45)

Eine Kommunikationsebene ist durch die Beziehungsaufnahme eröffnet. Das inhaltliche Angebot Jesu aber kann noch nicht verstanden werden. Jesus offenbart sein Bild einer geistigen Neugeburt, die für das Gottesreich vorbereitet. Inhaltlich beschreibt Jesus das Ergebnis eines Transformationsprozesses. Er verdichtet sein Bild für Nikodemus zu einer metaphorischen Aussage.

Nikodemus kann seinen Geist nicht öffnen für das Bild für ihn. Er bleibt in der Erwartung von *Herunterladen* und versteht das Bild wörtlich: Sein Einwand könnte etwa lauten: Man wird aus dem Leib der Mutter heraus geboren, also muss man für eine Neugeburt dahin zurück. Wir sehen, wie grotesk Bilder werden, wenn sie nicht auf der nächsten Verständnisebene aufgenommen werden können.

Bereits in Phase 2: Hinsehen, stagniert die begonnene Bewegung des Nikodemus. Jesus reagiert auf das Unverständnis mit einem neuen

Versuch: *Es sei denn, dass jemand geboren werde aus Wasser und Geist, so kann er nicht in das Reich Gottes kommen.* (Joh 3,5) Hier wird das Resultat der Phase 7 benannt: im Reich Gottes zu sein bedeutet, sich angemessen im Raum der Gegenwart zu bewegen und in Übereinstimmung mit dem Geschehen des Lebens zu sein.

Jesus macht den entscheidenden Unterschied von Wasser und Geist. Die natürliche Anwesenheit im Leben ist nicht genug für das Sein des Menschen. Es muss im Geist, im Bewusstsein, nachvollzogen und aufgenommen sein. Jesus greift auf das Bild der Geburt zurück, in dem ja, wie bereits besprochen, die Wandlung des Seins intensiv erlebt wird und auch das Risiko des Scheiterns und Steckenbleibens bis hin zur Todesgefahr besonders intensiv gegeben ist. Die jesuanischen Worte beschreiben die Transformation als einen lebensnotwendigen Prozess, der nicht folgenlos umgangen werden kann. Die Forderung, sich diesem zu überlassen, ist absolut.

Jesus unterscheidet weiter die Menschen, die vom Fleisch geboren sind, von denen, die aus dem Geist geboren sind. Mit den aus dem Geist Geborenen ist es so wie mit dem Wind: man weiss nicht, woher er kommt und wohin er fährt. (Joh 3,8) Den Geistgeborenen bleibt nur die Gegenwart in der Fülle ihrer Gegebenheit, ein Nachvollzug oder eine Vorplanung ist nicht möglich, es bleibt nur das Sein im Jetzt, mit dem Anspruch der Aufnahmefähigkeit für seine Möglichkeit.

Jesus sieht die Unfähigkeit des Nikodemus, sich diesen Inhalten zu öffnen. Besonders gravierend ist, dass Nikodemus selber ein Lehrer Israels ist. Zusätzlich erklärt er, dass diese Zusammenhänge noch irdisch und wahrnehmbar sind, dass es darüber hinaus noch himmlische Wirkungsfelder gibt, die entsprechend komplexer sind und noch schwerer fassbar.

Der Text konfrontiert uns mit der Herausforderung, die ein Transformationsprozess für die Begreifbarkeit und Lebbarkeit darstellt. Ihn zu durchschreiten fordert den ganzen Menschen und verwandelt ihn, schenkt ihm eine geistige Existenz in der Präsenz des Himmels, die sich in alle irdischen Zusammenhänge hinein ausbreitet. Deutlich wird besonders der Preis des Ausgeschlossenseins bei Nichtdurchschreiten. Das Gebundensein im funktionalen Vollzug droht den Geistlosen, die sich auf die Wiederholung des Gewohnten reduzieren und die Inhalte der Zeit dadurch ausschließen.

Nikodemus und die anderen Pharisäer sind anscheinend an dieser Herausforderung gescheitert. Das Rechttun hat noch nicht die Qualität geistiger Freiheit, für die der Mensch geschaffen ist. Hinter dem eigenen Wesen zurückzubleiben, führt zur Verfehlung des Seins.

Ein Phänomen, wie es auch *Schein* beschreibt: »Die Mitglieder einer Gruppe wollen an ihren kulturellen Annahmen festhalten, weil Kultur Sinn stiftet und das Leben berechenbar macht.« (Schein 2003, 41)

Um das eigene Scheitern verdrängen zu können, musste die Botschaft von dem Menschenmöglichen verhindert werden, und als das nicht erreicht werden konnte, begann man zu erwägen den Botschafter zum Schweigen zu bringen.

Es wird die Brisanz des Geschehens deutlich. Die verhinderte Selbstentfaltung, die verweigerte Transformation, führt zu einer aggressiven Zerstörung des Kundigen. Das heißt, der hinter seinen Möglichkeiten Zurückbleibende wird gefährlich für den, der sich entfaltet und andere dazu einlädt. So wird das Leben zurückgezwungen in das Gefängnis der Vergangenheit, die aber keine Antworten mehr geben kann, wie es weiter gehen soll.

Auch *Schein* hat die Herausforderung wie folgt beschrieben: »Jede Kulturveränderung ist eine Transformation, denn man muss Altes verlernen, bevor man Neues lernen kann. Verlernen aber ist schmerzhaft und löst Widerstand gegen Veränderung aus. (…) Der Schlüssel zur Transformation liegt darin, das Verhältnis zwischen Überlebensangst und psychologischer Sicherheit so zu gestalten, dass der Widerstand gegen Veränderung überwunden wird.« (ebd.,176)

Bei der Behandlung des Exodus des Volkes Israel, S. 36 im Text, haben wir uns auch bereits mit dieser Spannung auseinandergesetzt. Das Volk spürt Todesangst vor dem Schritt in das Meer (= 4. Phase, Anwesendsein). Der Lernschritt in das Unbekannte ist angstbesetzt, ebenso wie die Entscheidung zu bleiben durch die Existensgefährdung angstbesetzt ist. Ohne Angstüberwindung ist kein Schritt und ist kein Verharren möglich. Das Gefühl der Angst zeigt nur die Brisanz der Situation an. Sie hilft noch nicht zu entscheiden. Es muss eine zusätzliche Kraft hinzukommen, die den Impuls für die emotionale und inhaltliche Bewältigung liefert. Es braucht eine neue Botschaft.

Wir könnten versuchen, die Worte Jesu in moderne supervisorische Sprache zu kleiden, die die Erkenntnisse von Maturana und Varela mit berücksichtigt: *Tauche auf in einem neuen Bewusstsein, dass sich der eigenen gegebenen Präsenz gewahr ist. Überlass dich dazu dem weiten Raum des Geistes, der sich von dem Geist des Lebens erfüllen lässt. Bewege dich so in Übereinstimmung mit dem Sein der anderen. Sei gewahr für das strukturelle ontogenetische Driften, das sich durch euch in die Erscheinungswelt hinein verwirklichen will und folge ihm.*

10. Jesus und die Ehebrecherin
Johannes 8,1–11

Jesus lehrt das Volk im Tempel. Im Innersten ist das Allerheiligste, es war ursprünglich gefüllt mit der Bundeslade und den Geboten darin. (2. Mose 26,31–33) Hier spiegelt sich die Grundannahme des Volkes: die treue Ausführung der Gebote, entspricht dem Gotteswillen. Man muss also nur lernen, die Gebote in den einzelnen Lebenssituationen anzuwenden, dann kann das Leben gelingen. Um Jesus zu testen, bringen die Schriftgelehrten eine Frau, die beim Ehebruch ergriffen worden war. Eigentlich müsste sie nach dem Gesetz (3. Mose 20,10) gesteinigt werden. Die Schriftgelehrten aber zögern, halten inne und fragen Jesus nach seiner Meinung. Scheinbar sind sie bereit eine Perspektivenerweiterung zu versuchen.

Jesus antwortet nicht direkt, vielleicht spürt er auch die Falle, jedenfalls bückt er sich und schreibt mit dem Finger auf die Erde. Er unterbricht die Routine des Frage-Antwort-Spiels zwischen den Gelehrtenschulen und irritiert seine Kontrahenten. Vielleicht ist seine Handlung ein analoger Hinweis, jedenfalls schafft er Raum für eine Öffnung des Geistes und des Herzens, da die Irritation in natürlicher Weise eine Suchbewegung bei den Fragenden auslöst. Die Fragenden bestehen weiterhin auf einer Antwort. Jesus richtet sich wieder auf, begibt sich in Augenhöhe und bietet den Lösungssatz der Mitmenschlichkeit an: »Wer unter euch ohne Sünde ist, der werfe den ersten Stein auf sie.« (Joh 8,7)

Jesus tritt hier konfrontativ auf und versetzt die Herausforderer mit einem ebenfalls intravisorisch gefundenen Satz unvermittelt in den Raum des Präsentseins.

Hier helfen keine Rückgriffe auf alte Gebote, Urteile und kollektive Strafausübung. Hier steht jeder plötzlich für sich und ist selbst gefragt nach der eigenen Übereinstimmung mit und Offenheit für den Gotteswillen. Eine Entscheidung ist nun nach neuen Kriterien zu treffen, die erst allmählich ins Bewusstsein treten. Jesus schreibt wieder auf die Erde und überlässt sie ihren eigenen Gedanken.

Allmählich gehen die Ankläger einzeln weg. Die Selbsterkenntnis hat ihnen das Recht genommen, die Frau zu verurteilen. In wenigen Minuten ist jeder zu einer Neufindung seiner eigenen Identität gekommen. Eine radikal neue Form der Beziehungsgestaltung innerhalb der Gemeinschaft kristallisierte sich unter ihnen heraus. Die unbarmherzige Verdammung wurde ausgesetzt und die Erprobung von Solidarität unter all denen, die sich als unvollkommen wahrnehmen können, wurde im ersten Versuch umgesetzt.

Dieser unübertroffene Schlüsselsatz wurde paradigmatisch genutzt, um auch in kommenden Versuchen, Menschen zu verurteilen, um kollektive Sicherheit zu erreichen, eine Lösung auf höherer Ebene anzustreben.

So sieht es auch Tischinger: »Jesus hat sicher Entscheidungen getroffen und zwar solche, von denen er wusste, dass sie ihn in einen Konflikt bringen. Er hat auch sehr eindeutige Rede geführt und von daher auch Führung vorgegeben. Man kann sogar davon ausgehen, wie er entschieden hat, waren nicht nur Personen oder Situationen betroffen, sondern das hatte immer auch langfristige Entwicklungen zum Ziele.« (Tischinger 2008, 133)

Jesus urteilte nicht aufgrund von Normen, sondern durchschaute die Hintergründe einer Handlung und ihre Funktion für das Kollektiv. Er wendete sich dann wieder dem Einzelmensch zu, um ihn als Person zu würdigen und eine individuelle Vorgehensweise anzubieten. Eine entsprechende Beurteilung gibt auch Tischinger: »Wenn wir Jesus unter dem Aspekt des Entscheidens und wie er entscheidet betrachten, erkennen wir eher eine personenbezogene Entscheidungsethik.« (ebd.)

Der Prozess der Transformation von kollektiver Verurteilung, anhand vergangener Vorschriften, zu einem individuellen, von Selbsteinsicht in der Gegenwart getragenen Rückzug aus der Gewaltanwendung, konnte so beschleunigt statt finden, da Jesus wieder einmal die Fähigkeit der *Intravision* anwendete, dieses Mal bezogen auf eine Gruppe. Er konnte die innere Bewegung der Menschen sehen und ihre überkommenen Verhaltensweisen deuten. Auch war es ihm möglich, die krisenhafte Situation in ihrer Komplexität von Gesetzestreue, Versuchung, kollektiver Angst, religiöser Unsicherheit und aggressiver Selbstüberhebung wahrzunehmen. Durch einen einzigen Satz öffnete er eine neue Welt. Die Angesprochenen konnten im Raum des Präsentseins direkt aufnehmen, was Jesus dort hineinsprach. Sie selbst waren nicht mehr darauf angewiesen, nach stimmigen neuen Haltungen zu suchen.

Jesus löste sie aus der unmenschlichen Gesetzestreue, aus der Anmaßung der Selbstgerechtigkeit und der Angst vor dem richtenden Gott. Er selbst scheint sich sehr schnell in den Raum des Präsentseins begeben zu können, um dort intuitiv die lösenden Worte empfangen zu können. Diese Fähigkeit, direkt hineinzusehen und zu erkennen, um dann sofort auch aussprechen zu können, also das Geschaute umsetzen zu können, rettete das Leben und bewahrte vor dem Schuldig-Werden. Außerdem rief es jeden in die Selbstverantwortung, auch die Ehebrecherin.

In aggressiv aufgeladenen und fordernden Entscheidungssituationen bleibt nicht immer Zeit und Ruhe für einen vollständigen Transformationsprozess, in dem alle in die Inspiration hinein genommen werden können. Hier ist das deutende und wegweisende Wort eines Einzelnen, der bereits Zugang hat, sehr hilfreich.

Intravision ist von dem Vorgang der Manipulation eines Einzelnen, der besonders wirkungsvoll oder schnell kommunizieren kann und eine eindeutige, persönliche Position vertritt, die er gegen andere durchsetzen will, zu unterscheiden. Intravision ist vielmehr eine Art Weisheit, die die Grundstruktur der Lebensbewegung in diesem Moment wahrnehmen, achten und aussprechen kann. Sie dient nicht der persönlichen Selbstdurchsetzung, sondern löst alle Beteiligten aus dem zerstörerischen Vollzug der Ausübung von vergangenen Vorstellungen. Intravision ist der Blick in die Tiefendimension des Geschehens, die zugrunde liegt. Sie wird von einem Einzelnen gewagt, während das Kollektiv noch nicht bereit, willens oder in der Lage ist, so innig wahrzunehmen. Sollte die

Intravision so deutliche Bilder in dem Einzelnen hervorgerufen haben, dass sie artikulierbar werden, so sind sie ebenso gültig für die Beteiligten, als hätten sie sie selbst geschaut. Sie zeigen ihre Evidenz auch dadurch, dass die bewusst aufgenommenen Bilder über die Sprache direkt wieder in das Empfinden wirken und dort sofort eine Erkenntnis und einen Richtungswechsel bewirken können. Eine Manipulation dagegen wirkt niemals durch sich selbst, sie wird mit Macht gegen das Bewusstsein des anderen durchgesetzt und hat die Minderung von Empfindungen zur Folge und nicht ihre Aktivierung.

Die Intravision ist somit kein Übergriff, sondern ein Einblick in die Ebenen des Wirkenden, bevor es in der Wirklichkeit aufscheint und bewusst wahrnehmbar wird. Sie erfordert ein Höchstmaß an Durchlässigkeit für die Bilder des Lebens, die sich in der eigenen Seele spiegeln wollen. Der Intravisor hat als vorrangige Tugend die Demut, da er sich dem Bildempfang und -ausdruck auch gegen sein persönliches Wohl zur Verfügung stellt, um die Desorientierung und Destruktivität der Unsensiblen zu unterbrechen.

11. Jesus und der sinkende Petrus auf dem See
Matthäus, 14,22–33

Diese Geschichte beschreibt einen Transformationsprozess, der in der Mitte seines Geschehens drohte zu scheitern. Jesus entlässt die Volksmenge und schickt die Jünger mit dem Boot über den See. Er selbst geht allein auf den Berg, um zu beten. Das heißt, er versetzt sich in den Zustand des Präsentseins. Währenddessen kommt das Boot durch die starken Wellen in Not. Jesus geht dennoch auf dem Wasser auf das Boot zu. Die Bedingungen des Sees und des Windes können ihn nicht aus seinem Zustand reißen. Er bleibt geöffnet für das Gesamtwirken der Elemente, ohne sich davor zu fürchten oder zu bewahren.

Die Jünger, als Kontrastpersonen, schreien schon beim Anblick vor Furcht und halten Jesus für ein Gespenst. Sie schauen mit ihren gewohnten Blicken und erklären die Situation nach alten Mustern. Jesus durchbricht ihre Furcht und ihre Deutung, indem er sich zu erkennen gibt. Ihre Perspektive, ihr Herz und ihr Vertrauen weiten sich wieder. Nun sind auch sie für das Präsentsein bereit.

Petrus spricht es aus: »Herr, bist du es, so befiehl mir, zu dir zu kommen auf dem Wasser.« Jesus fordert ihn auf, zu kommen und diesen Raum der scheinbaren Bodenlosigkeit und Abgründigkeit zu betreten. Für einen Moment kann Petrus auf dem Wasser gehen. Für einen Moment hält er diesen Zustand der absoluten Übereinstimmung mit der Lebensbewegung aus, dann sieht er wieder die Bedingungen der Umgebung und das Erschrecken erfasst ihn und reißt ihn aus diesem Zustand heraus. Nun versinkt er, wo er vorher gehen konnte. Er droht in dem Wasser des Unverfügbaren und Unbestimmbaren unterzugehen. Alleine kommt er weder vor noch zurück. Er versinkt in die Tiefe. Heute würden wir diese Gefahr vielleicht als Psychose beschreiben.

Im selben Moment aber reicht ihm Jesus die Hand und hält ihn in der Wirklichkeit mitmenschlicher Geborgenheit. Er bleibt selbst im Zustand des Vertrauens und kann dennoch auch in den Zustand des Erschreckens hineinreichen und dort Halt geben. So eng liegen beide Möglichkeiten des Umgangs mit diesem inneren Raum nebeneinander, dass eine Hand die Grenze überwindet.

Hier sehen wir, dass der Prozessbegleiter nicht in die Furcht des zu Begleitenden mit einsteigen braucht, um ihn dennoch zu erreichen und dann auch noch höchst wirkungsvoll wieder in Sicherheit zu bringen, dorthin, wo vertrauter Boden wieder trägt.

Zusätzlich gebietet Jesus der bedrohlichen Umgebung Einhalt, und alles findet zur Ruhe zurück. das Erlebte führt bei den Jüngern zur Erkenntnis, dass Jesus Gottes Sohn ist. Sie spüren den Unterschied seines Seins zu ihrem. Ohne Jesu rettende Hand, wäre Petrus versunken. Es ist demnach lebensgefährlich, sich ohne kundige Begleitung in einen Transformationsprozess zu begeben, dem man in seinen Ansprüchen noch nicht genügen kann, da es an persönlicher Reife dafür noch mangelt. Die Intravision Jesu versetzt ihn in denselben Zustand, in dem sich die anderen Betroffenen befinden, nur ermöglicht sie ein Weiterkommen und Getragenwerden, wo die Gefahr eines seelischen Untergangs droht.

Serhane hat zu dieser Nähe von Sinn und Wahnsinn ein eindrückliches Modell vorgestellt, das uns verstehen hilft, warum die Nähe zu den Abgründen und dem Umgang mit ihnen zu einer tieferen Ruhe und Gewissheit führt, die eine Wohltat für eine Gemeinschaft wird: »Sinn ist der Komplementärgedanke zu Wahnsinn, der ähnlich wie eine Komplementärfarbe meine Angst vor dem Wahnsinn in dieser Organisation abschwächen bzw. abmildern konnte und somit diese negative Erfahrung denkbar machte. Auf diese Weise konnte ich den Gedanken Sinn–Wahnsinn denken und aus den damit einhergehenden Erfahrungen lernen. Ebenso war für mich das Glücksgefühl, das aus meiner Erfahrung mit dem Wahnsinn und meiner Anerkennung des Todes entstanden ist, ein Komplementärgedanke zu dem Unglück, das ich in dieser Organisation erfahren habe. (…) Aus meiner Erfahrung mit Unglück und Wahnsinn entstand ein neuartiges Lebensgefühl, das bei mir die Angst vor dem Tod erträglicher machte. Das neu entstandene Lebensgefühl ist somit der Komplementärgedanke zu der Erfahrung mit dem Tod.« (Serhane 2008, 179 f.)

»Die Integration dieser Polarität der Gedanken macht für unsere Psyche die zugrunde liegenden emotionalen Erfahrungen noch erträglicher und verstärkt somit ein Lernen aus Erfahrung. Diese beiden Gedankenpole sind zu einer Einheit zusammengebunden und können deshalb nur zusammen gedacht werden. In ihrer Komplementarität und in ihrer Totalität bilden sie das heterogene seelische und geistige Material zum Denken. Zwischen den zwei Polen jedes Gedankens spielt sich alles zu denkende Geschehen ab.« (ebd., 180)

»Die heutige weit verbreitete Angst vor der Heterogenität und die damit verbundene Angst vor der Polarität der Gedanken werden in unseren Organisationen durch den dominierenden Wunsch, dass unerwünschte Personen, Gedanken und Gefühle verschwinden sollen, immer manifester und deutlicher.« (ebd., 181)

12. Die Rollen Jesu

Mir scheint, dass Jesus unterschiedliche Rollen einnahm: In den Einzelbegegnungen war er zumeist Inravisor. In wenigen Sekunden nahm er innigsten Kontakt auf und fand das befreiende Bild und die lösenden Worte, um sich dann aus dem Kontakt wieder zu entfernen, oft ohne Fortsetzung der Begegnung.

Für seine Jünger war er Supervisor, er führte die Jünger wie ein Rabbi durch das Land, die Erlebnisse und zur Erkenntnis. Er forderte zu intensiver Selbstreflexion und Perspektivenerweiterung auf, beantwortete Fragen, machte Mut und regte neue Erlebensweisen an.

Zeitweise übernahm er Leitungsfunktionen ihnen gegenüber. Er übte aber keine Macht aus und verhielt sich wie einer unter seinesgleichen

Jesus begleitete Menschen durch ihre Transformationsprozesse, so sie bereit dafür waren und sich ihm anvertrauten.

Er übernahm auch inhaltlich die Führung und fand sich für das Gelingen zuständig.

Er erzählte Gleichnisse, die ähnlich unseren analogen Methoden wirkten und eine zusätzliche Verstehensebene eröffneten.

Darüber hinaus fühlte er sich aber auch verantwortlich für das leibliche Wohl der Menschen, so speiste er die 5000, nachdem er gepredigt und geheilt hatte. (Lk 9,10–17)

Zusammenfassend lässt sich sagen: Jesus überschritt die Aufgaben eines Beraters in Richtung Führung (fürsorglich und verantwortungsvoll) und Intravisor. Seine Kernkompetenz scheint mir die Fähigkeit zur Intravision zu sein. In den Begegnungen mit den Menschen spricht er die lösenden Worte, vollzieht die befreienden Handlungen oder klärt die Verwirrung. Er bietet nicht nur einen Prozess mit offenem Ende an, sondern gibt inhaltlich klare Hinweise, was geschehen will. Er bezieht sich dabei nicht auf seine Meinung oder seine persönlichen Wünsche, sondern auf die Offenbarung des Gotteswillens in seiner eigenen Seele, die zu ihm spricht, da er sich ihr auch bewusst öffnet und zuwendet.

Im Vergleich mit den zehn Prinzipien der Prozessberatung von Schein wirkt Jesus wie ein moderner Berater. Nach meiner Einschätzung erfüllt er alle zehn Prinzipien. Überprüfen Sie selbst!

> ›Es geht im Wesentlichen bei allen Bemühungen zu beraten darum, eine helfende Beziehung aufzubauen und das Geschehen zu diagnostizieren. Daraus ergeben sich folgende Zehn Prinzipien als Kern der Prozessberatung:
>
> 1. Versuche stets zu helfen
> 2. Verliere nie den Bezug zu der aktuellen Realität
> 3. Setze dein Nichtwissen ein

4. Alles, was du tust, ist eine Intervention
5. Das Problem und seine Lösung gehören dem Klienten
6. Geh mit dem Flow
7. Das Timing ist entscheidend
8. Sei konstruktiv opportunistisch und arbeite mit konfrontativen Interventionen
9. Alles liefert Daten; Fehler wird es immer geben, sie sind die wichtigste Quelle neuer Erkenntnisse
10. Teile im Zweifelsfall das Problem mit anderen‹

[zusammengefasst aus: Schein 2003, 297–300]

IV. Gegenwärtig sein

In der Haltung der Offenheit für die einströmenden Gedanken entstand folgender Text:

Religion ist die Rückbesinnung auf den Ursprung, man könnte fast sagen, auf den immer gerade jetzt geschehenden Ursprung. Die Gestaltung der Gegenwart von der Vision der Zukunft her hat bei genauem Betrachten den Schwachpunkt, dass die Zukunft eben gerade noch nicht ist, ähnlich wie die Vergangenheit nicht mehr ist. Beide Zeithorizonte haben im Moment kein Dasein.

Jedes Wesen lebt immer nur im Jetzt. Das heißt, die zur Verfügung stehende Zeit ist das Kontinuum der gegenwärtigen Augenblicke.

Entsprechend kennen wir auch nur unsere gegenwärtigen Wünsche, Bilder, Hoffnungen, Visionen. Sie sind genau genommen ein Ausdruck unseres aktuellen Seins, das wir aus den Wahrnehmungen der Außenwelt und den Empfindungen der Innenwelt in unserem Bewusstsein abbilden und verbinden.

Eigentlich sehen wir nicht in die Zukunft, sondern in unsere innere Bildwelt, die die Anweisung für das zu gestaltenden Leben in sich trägt.

In der Verwirklichung erhält das Bild Leben und die Zukunft wird so, wie sie früher geschaut wurde.

Tatsächlich wurde also nur in der Wirklichkeit nachvollzogen, was als innere Bildwelt gegenwärtig war und für die nächsten Schritte Orientierung gab. Wir können also schlussfolgern, dass wir uns nicht von der Zukunft her inspirieren lassen, sondern von den gespeicherten Bildern des Lebens in unserer eigenen Seele. Die Schau nach vorne ist demgemäß eine Schau nach innen.

Hier ist eben genau das Vor-uns-Liegende das Innewohnende.

Auch in unserem Körper ist unsere zukünftige Entwicklung bereits genetisch vorliegend. Die gegenwärtigen Informationen entfalten sich in die Zeit hinein, aber sie liegen in der Gegenwart bereits in zarter Form vor.

Um die Zukunft der Welt zu sehen, müssten wir uns also auf die Suche nach den Genen der Welt machen, um ihre Informationen auswerten zu können, bevor sie in die Wirklichkeit drängen.

Die Frage ist:

Was sind die Gene der Welt? Wo sind sie gespeichert?

Sind sie vielleicht die Steuerorgane für das ontogenetische Driften?

Wir müssen sie mit den Möglichkeiten des Bewusstseins im Sein suchen.

Hier entsteht die dynamische Trinität:

Das Göttliche schenkt Sein und inspiriert das Bewusstsein,
das Sein verleiht Anwesenheit,
das Bewusstsein versteht und dankt.

Morgendämmerung

Aus der Tiefe der Nacht
bricht der Glanz der Sonne hervor.
Kraftvolle Helligkeit erobert den Raum
und jeder Schatten schrumpft.
Im dampfenden Sonnennebel
hebt sich die Erde dem Himmel entgegen
und erwartet den Kuß der Morgendämmerung.

Die Kälte zieht sich zurück,
sie überläßt ihrem Gegenspieler
ein paar verzaubernde Stunden
und aus dem Eis der Nacht wird ein Fluß.

Schmelzend spiegelt ein See,
den glühenden Lauf der Sonne,
beide getrennt und unvergleichbar,
und dennoch ineinander versunken.
In ihrer Berührung geschieht Verwandlung.

(Britta Schönberger, Februar 2009)

V. Verdichten

Hypothesen

1. Der Transformationsprozess ist die strukturelle Form für die Wandlung von Lebewesen und Geschehnissen im Fluss des Lebens.
2. Um die Kräfte der natürlichen Lebensbewegung einbeziehen zu können, sollten bewusst angezielte Veränderungen durch methodische Interventionen so angebahnt werden, dass sie dem Ablauf und der Struktur von Transformation entsprechen können.

3. Beratung ist geeignet, Transformationsprozesse für Einzelne, Teams, Gruppen und Organisationen anzubieten, da sie sich in Methodenvielfalt, Prozesskompetenz, Perspektivenwechsel und kreativer Neugestaltung, sowie in Auswertung neuer Erfahrungen und der Entwicklung von Autonomie und Lebensentfaltung kundig gemacht hat.

4. Allein die Phase 4: *Präsent sein,* erfordert eine zusätzliche Kompetenz, die ich **Intravision** nennen will. Hier liegen der Schlüssel und die Kernkompetenz für den aktiv beschrittenen Wandlungsweg. Es ist eine Tiefenschau und ein Sich-Überlassen gefordert, das eine religiöse Haltung voraussetzt, die sich dem Einströmen von Lebensweisheiten über Inspiration öffnet.

5. Um eine Gruppe durch den Transformationsprozess zu begleiten, ist es notwendig, ihn selbst mit zu durchschreiten, da sich sonst Angst und Desorientierung ausbreiten, die das Gelingen gefährden.

6. Nur der Mensch, der geübt ist in Transition, überlässt sich selbst der Transformation in aktiver Zustimmungshaltung und kann Transformationsprozesse bei anderen begleiten.

7. Eine Führungsperson hat auf der Entscheidungs- und Handlungsebene ihre Funktion, die Prozessbegleitung ist Aufgabe der Beratung, die Expertenberatung ist begründet in Intravision als persönlicher Kompetenz.

8. Die biblische Tradition bewahrte Menschheitserfahrungen mit Transformationsprozessen, die bis heute relevant sind, da sie die Struktur beschreibt, Risiken und Chancen benennt und emotionale Beteiligung durch eine bildhafte Erzählweise hervorruft.

9. Jesus wirkte bei Bedarf als Führungsperson, als Berater seiner Jünger und als Intravisor in der Begegnung mit Einzelnen und Gruppen in krisenhafter Lebenssituation. Er war Prophet einer neuen Welt, priesterlicher Begleiter in sie hinein und als ihr erster Gestalter König darin.

10. Jesus erfüllte alle Rollen, die in einem Transformationsprozess gefordert sind, in seiner eigenen Person. Die Stärke seiner Wirkung ist in dieser

Vollkommenheit begründet. Vorbereitet für sein öffentliches Wirken war er durch die Erfahrungen persönlicher Transition.

11. Die Deutung seines Wirkens wurde durch die Erinnerung alttestamentlicher Geschichten unterstützt, die Transformationsprozesse anschaulich nacherzählten.

12. Um heutige Transformationsprozesse zu begleiten, braucht es wie immer die Besetzung der drei Kernrollen. Die Integration von Intravision ist die Aufgabe der Zeit. Ohne die Inspiration durch das göttliche Bewusstsein kann das menschliche Bewusstsein die innewohnenden Lebensbilder nicht heben. Sie verbleiben unerlöst im Sein, und dem Bewusstsein fehlt es an Orientierung, was werden soll.

VI. Erproben

Das Erproben der bisher ausgeführten Gedanken müsste sich nun eigentlich in einem Dialog mit anderen Menschen vollziehen.

> »Dialog stellt die Denkprozesse in den Mittelpunkt und wie unsere Wahrnehmungen und Kognitionen von unseren vergangenen Erfahrungen geprägt werden. Die dem Dialog zugrunde liegende Annahme lautet: Je mehr wir uns bewusst werden, wie unsere Denkprozesse ablaufen, desto mehr lernen wir die inhärente Komplexität der Kommunikation und des gegenseitigen Verstehens schätzen, und bauen allmählich ausreichend Vertrauen auf, um dem kollektiven Gedankenprozess die Vormacht vor dem individuellen Gedankenprozess einzuräumen. Ein wichtiges Ziel des Dialogs besteht in der Befähigung der Gruppe, durch den allmählichen Aufbau ›gemeinsamer‹ Bedeutungen und eines ›gemeinsamen‹ Denkprozesses eine höhere Bewusstseins- und Kreativitätsebene zu erreichen. (…) Echte Hilfe kann nur gegeben werden, wenn sowohl Berater wie Klient auf gemeinsame Annahmen zurückgreifen und eine gemeinsame Sprache entwickelt haben.« (Schein 2003, 253)

Der sprachliche Austausch stellt den Kontakt her und kreiert gemeinsam ein neues Konzept. Um das direkte Gespräch zu ersetzen, integriere ich Gedanken anderer Menschen in meine Überlegungen. Zunächst überprüfe ich, ob meine Vorgehensweise den Erkenntnissen von *Maturana* und *Varela* entsprechen, die schreiben: »Wir Menschen existieren als Menschen im Netzwerk von Strukturkoppelungen, das wir dauernd durch die fortgesetzte sprachliche Tropholaxis unseres Verhaltens weben. (…) Wir geben unserem Leben in der gegenseitigen sprachlichen Koppelung Gestalt (…), weil wir in der Sprache bestehen, und zwar als dauerndes Werden, das wir zusammen mit anderen hervorbringen. Wir finden uns in dieser ko-ontogenetischen Koppelung (…) als eine fortwährende Transformation im Werden der sprachlichen Welt, die wir zusammen mit anderen menschlichen Wesen erschaffen.« (Maturana/Varela 1987, 253 f.).

Sie beschreiben ebenfalls das Phänomen des Verbundenseins mit den anderen Menschen und die Fähigkeit des Bewusstseins, in der Sprache eine Welt zu erschaffen. Sie sagen weiter: »Jedes Tun vollzieht sich nämlich durch unsere strukturelle Dynamik und durch unsere strukturellen Interaktionen. Alles, was wir tun, ist ein struktureller Tanz in der Choreographie der Koexistenz.« (Maturana/Varela 1987: Baum der Erkenntnis, 267)

Ich habe darüber hinaus den Schöpfer der Struktur als absolutes Bewusstsein, oder Gott gedacht, der eben das Sein mit seinen Strukturen und seiner Dynamik erschafft, das dann in der Sprache zum Bewusstsein wird. Die Grundlage aller Koexistenz ist – in meiner Betrachtung – das Ruhen in Gott. Aus der Unendlichkeit seines Bewusstseins sinken die Bilder des Lebens in das Sein der Wesen, die von diesen in den Tanz der Koexistenz gerufen werden. Die Bewegungen greifen ineinander, da sie aus derselben Quelle gespeist werden.

Bezogen auf Beratungsfelder können wir die allgemein menschlichen Lebensbewegungen nutzen, um die Dynamik der Wandlung zu initiieren. Der Berater begleitet durch die Unsicherheit des Prozesses und konfrontiert zusätzlich mit der Eigenart seiner Person und Arbeitsweise. Er selbst braucht auch die Offenheit für eine unbekannte Welt, denn der Berater tritt

»in eine fremde Institution ein, mit je eigenen Kommunikationsformen und Werten. Er muss also immer mit Fremdheit umzugehen wissen, sich auf sie einlassen, sich abgrenzen, dabei die eigene Sicht in der Spannung von Unterschiedenheit und Gleichheit nicht verleugnen, sodann eine Sprache finden, mit der er von den anderen verstanden werden kann, ohne dass diese sich selbst verleugnen müssten, etwa durch Unterwerfung bzw. Anpassung an das Denk- und Wertesystem des jeweiligen Beraters.« (Schmidt-Lellek 2000, 26)

Die Konfrontation mit dem Fremden ist eine Herausforderung für alle Beteiligten. Sie betrifft sowohl die Menschen, aber besonders auch die neu auftauchenden Inhalte, die mir durch einen anderen Menschen entgegenkommen. Hier darf es nicht zu einer Verwechslung kommen zwischen Botschaft und Bote.

> »Erkenntnis und Selbst-Erkenntnis sind dialogischer Natur. Erkennen vollzieht sich durch das Gespräch zwischen Menschen als gemeinsames Suchen in wechselseitigem Fragen und Hinterfragen, in Rede und Gegenrede, ebenso in wechselseitigen Resonanzen und Spiegelungen. Es ist die wechselseitige Herausforderung, aus sich selbst herauszutreten in der Konfrontation bzw. »Begegnung« mit dem fremden Gegenüber bzw. mit »dem Fremden« im Gegenüber.« (ebd., 37)

Vielleicht ist gerade diese Unterscheidung besonders schwer, so hat Schmidt-Lellek beobachtet: »Die Anerkennung des Fremden als ebenbürtig, gleichberechtigt und als wertzuschätzen, auch wenn es nicht oder noch nicht verstehbar ist, bleibt trotz Aufklärung, trotz Emanzipation von traditionellen kulturellen Bindungen und trotz moderner Globalisierung ein psychologisches (und damit auch ein soziales und politisches) Problem.« (ebd., 28–29)

Die Auseinandersetzung mit dem auftauchenden neuen Weltbild scheint mir die schwerste Aufgabe zu sein. Denn hier hört das Handeln auf und ein inneres Wahrnehmen sollte beginnen. Auch Fatzer sieht hier die Schwierigkeit: »Die Suche nach neuen Gestaltungsformen von und in Organisationen muss intuitive Aspekte aktiv einbinden. Transformationen gehen mit Unsicherheit, Angst und Desorientierung einher. Viele Veränderungsprozesse kranken daran, dass dieser Aspekt ausgeklammert ist.« (Fatzer 2005, *Alpha* vom 15./16. Oktober, 1–3).

Nach der Aufklärung und dem Aufschwung der Wissenschaften, die sich der Analyse und Beobachtung der Erscheinungswelt widmen, zeigt sich, dass die rationale Logik alleine nur die messbare und wahrnehmbare Welt untersuchen kann, um aus ihr Schlussfolgerungen auf das Wesen, das Prinzip der Dinge zu ziehen oder kommende Szenarien dem Erfahrenen *nach*gedacht vorauszuberechnen. Die Wissenschaft scheitert an der Aufgabe, das noch nie Dagewesene vorauszusagen. Sie kann in einer vollkommen neuen Situation nicht sagen, was weiter kommen wird oder was zu tun ist.

Sie kann nur hinweisen auf Handlungsstrategien, die sich in vergleichbaren Situationen bewährt haben und hoffen, dass das Erfolgreiche auch dieses Mal wieder greift. Interessanterweise finden nach Jahren der Trennung von profaner und religiöser Welt beide ursprünglich verbundenen Betrachtungswege wie an ihrer anderen Seite wieder zusammen. Ein Kreis schließt sich. Die spirituelle Einsicht taucht nun als Komplementärerkenntnis zur rationalen Analyse auf, um die Komplexität der Wirklichkeit nicht nur zu beschreiben, sondern sie auch achtungsvoll zu empfinden. Die Betrachtung von Transformationsprozessen hat uns augenscheinlich und nachvollziehbar vor Augen geführt, welch wunderbare Ergebnisse auftauchen, wenn sich Intelligenz und Intuition geschwisterlich die Hand reichen, statt sich im Konkurrenzdruck gegenseitig das Daseinsrecht streitig zu machen. Es ist wie eine Aussöhnung auf höherer Ebene.

Wissenschaft und Religion können sich ihrer Wertigkeit bewusst sein und sich nun vollständig einbringen, um die Probleme unserer Zeit zu erkennen und zu lösen.

Als Menschen des christlichen Abendlandes sind wir in den biblischen Traditionen verwurzelt. Bis in unsere Gesetzgebung haben sich religiöse Anschauungen verdichtet. In unseren sprachlichen und kulturellen Ausdrucksformen schwingen die biblischen Erlebnisse nach. Wer weiß, wie umfassend die über Jahrhunderte weitergegebene Botschaft in unseren Seelen eingraviert ist, so dass die Bewegung der Transformation eher wiederentdeckt als neu entdeckt wird. Das Konzept der Intravision speist sich auch aus den Erzählungen der jesuanischen Kompetenz, Menschen mit ihrem Lösungsschritt zu konfrontieren und ihnen dann zu überlassen, ob sie ihn gehen wollen.

VII. In die Welt bringen

Konzept einer Anwendung

Phase 1: Herunterladen

»Seelenschutzgebiet, Aufwachraum, Instrumente bauen – Es gibt bereits einige Ansätze, von denen wir im Hinblick auf Transformation lernen und mit denen wir vor allem aktiv gestalten können: Dialog (Isaacs 2002), Presence (Senge/Scharmer/Jaworski/Flowers 2004), Macroshift (Laszlo 2003).

Von dort aus werden Transformationen gedacht. Auch theoretische Grundkonzeptionen sind vorhanden, wie beispielsweise das ›Praxis-Pentagon des organisationalen Lernens‹ (Käufer/Scharmer/Versteegen 2002). Was fehlt, sind angemessene pragmatische Methoden, die im Sein ansetzen und Transformation und Zukunft so konkret wie möglich erlebbar machen, damit die Umsetzung nicht auf den langen Gängen der Organisation stecken bleibt; denn von dort aus gesehen ist die Zeit leider knapp.« (Schöfer 2005, 98)

Ein bereit gestelltes und erprobtes Konzept ist:

›Acht Schritte im Preferred Futuring von Lawrence L. Lippitt:

Lippitt (1998) arbeitet mit dem Transitions-Modell von Bridges. Er verarbeitet in Preferred Futuring das Wissen, dass Menschen in ihrem Wunsch, die Zukunft zu gestalten, ihrem eigenen Widerstand ins Antlitz schauen. Kraftlosigkeit, Stress, Konfusion, Orientierungslosigkeit, Unverbundenheit, Infragestellung der eigenen Person und diffuse Ängste verführen dazu, doch wieder ins Altbewährte zurückzufallen. Für eine gewählte Zukunft scheint keine Kraft mehr dazusein. Die Zukunft wird sozusagen wieder in alte Kleider gesteckt. Lippitt entwickelte aufeinander aufbauende Schritte, die konsequent eingehalten werden müssen, um geschickte Aktionen in der Organisation etablieren zu können. Sie ermöglichen die Transformation eines ganzen Systems. Die ersten vier Schritte fokussieren auf Ganzheitlichkeit und damit Heilung des Gemeinsamen und kreieren durch die so geschaffene **Common Base** eine besonders starke Energie. Über das Loslassen gelangen sie zur **Transition Zone** um von dort aus zu den Neuanfängen aufzubrechen.

1. Die eigene Geschichte wieder erzählen, so kann das innere Verstehen miteinander wachsen.
2. Die heutige Situation erfassen und die *Prouds* und *Sorries* erheben, so dass der Einzelne begreift, wie verbunden er mit dem Ganzen ist.
3. Werte und Anschauungen werden in konzentriertem Gespräch gemeinsam festgestellt, in einer Atmosphäre der Achtsamkeit, des Respekts spürt man den Reichtum, der vorliegt.
4. Relevante Trends, Ereignisse und Entwicklungen im Umfeld sollen über Mindmaps identifiziert werden. Es formt sich Handlungsenergie in einem *Sog in die Zukunft*.
5. Eine bevorzugte Zukunftsvision entwickeln, wobei fantasierte lange Zeiträume für Gelassenheit und Genauigkeit förderlich sind.
6. Visionen sollen auf Umsetzbarkeit und Hindernisse überprüft werden, eine Differenzierung in der Schärfe der Träume soll wahrgenommen werden.
7. Die Lernangst muss an dieser Stelle überwunden werden, damit genaue Aktionsziele mit zusätzlicher Ermutigung formuliert werden können.
8. Geschickte Aktionen übersetzen den Plan und bereiten seine Implementierung im Makrokosmos der Wirklichkeit einer Organisation vor.‹

[zusammengefasst nach: Schöfer 2005, 100–105]

›Damit Preferred Futuring als Methode die Transformation anbahnt, braucht es

- eine sorgfältige Auftragsklärung,
- eine persönliche Bereitschaft, sich einzulassen bei allen Teilnehmenden,
- ein Vertrauen in die Methode, die Orientierung und Struktur anbietet und für die Aufrechterhaltung der Veränderungsenergie sorgt,
- eine Fähigkeit, Energie zu halten, auch Erfahrung, mit wachsender Energie umzugehen,
- eine Dokumentation der Lernschritte, die als Erfahrungsschatz dann zur Verfügung stehen,
- einen Transformationsleiter mit einem mehrjährigen Erfahrungshintergrund in der Anwendung.‹

[zusammengefasst nach: ebd., 106–107]

Um das Fehlen von geeigneten Methoden zu verringern versuche ich ein Anwendungskonzept, das aber bereits vorhandene Strategien berücksichtigt. Grundsätzliche Überlegungen von Ed Schein sollen integriert werden:

> »Hilfreich, um die Lernangst zu verringern und psychologische Sicherheit zu vermitteln sind:
> a) eine positive Vision,
> b) ein Training nun notwendiger Fertigkeiten,
> c) Beteiligung der Lernenden am Lernprozess,
> d) informelles Training beteiligter Gruppen,
> e) angeleitete Übungsfelder,
> f) Beobachtungsmöglichkeit positiver Rollenmodelle,
> g) Bildung von Unterstützungsgruppen,
> h) Anpassung der Organisationsstrukturen an das neue Denken und Arbeiten.« (nach: Schein 2003, 122–124)

Alle vier Ebenen – *Handeln, Denken, Fühlen* und die Ebene der *Intuition* – sind im Transformationsprozess notwendig und aufgerufen. Die angebotenen Methoden sollen jeweils stimmig für die angesprochene Ebene sein. Jeder Schritt birgt ein Risiko und braucht einen besonderen Mut.

In den biblischen Geschichten konnten wir anschaulich die jeweiligen Schwierigkeiten nachempfinden. Die Gestaltung des Prozesses nutzt diese Informationen.

Der Transformationsprozess beginnt mit dem Innehalten in dem Vollzug der gewohnten Handlungsmuster. **Phase 1, das Herunterladen,** wird gestoppt und kann durch die frei gewordene Energie betrachtet werden.

Phase 2: Hinsehen

kann in 12 Schritten vollzogen werden. Die Schritte dienen der Erweiterung der Perspektiven. Es geht zunächst um die möglichst vollständige Erhebung der Auslöser und Hintergründe für das Störungsgeschehen. Das Gesamtbild wird ins Bewusstsein gehoben:

1. Die gewohnten Handlungsmuster unterbrechen und die Störungen, die erzeugt werden wahrnehmen.
2. Den Verlust von Sicherheit und Orientierung annehmen.
3. Die Kommunikation über die entstandene Störung beginnen.
4. Die emotionale Betroffenheit empfinden und sie als zusätzliche Information nutzen.
5. Einen kreativen Freiraum eröffnen, innerhalb dessen das Unverstandene analog abgebildet wird.
6. Wahrnehmung des Kontextes und Analyse der Umweltbezüge der Störung.
7. Ein Gesamtbild der Störung entwerfen.
8. Noch Übersehenes oder Verdrängtes identifizieren.
9. Überprüfung der noch tragfähigen Handlungsverläufe. Erinnern von früheren Krisen und ihrer Bewältigungsweise.
10. Rückkehr zur ursprünglichen Bestimmung des Produktes. Konzentration auf das Wesentliche.
11. Die Ursprungssituation und Idee beschreiben und ins Bewusstsein bringen.
12. Erinnern der Situation vor Einführung des Produktes.

Vorgesehen ist in meinem Konzept die direkte Einbindung eines Intravisors. Er könnte als sensibler Zuhörer die Geschichten des Scheiterns, der Irritation, der Verunsicherung hören und auf sich wirken lassen, um die verdrängten Anteile des Geschehens zu achten und zu benennen. Es wird oft von der Systemblindheit oder dem blinden Fleck gesprochen. Mir scheint das Bild irreführend. Der blinde Fleck weist uns eher auf die geniale Konstruktion der Verbindung von Auge und Gehirn hin, die trotz einer Lücke im Wahrnehmungshintergrund ein geschlossenes Bild auftauchen lässt. Die Ergänzungen aus dem Umfeld sind so stimmig, dass sie unbemerkt bleiben. Dass ein blinder Fleck nicht wahrgenommen wird, ließe dementsprechend eher auf eine stimmige Schlussfolgerung aus Umweltinformationen schließen. Das Problem sind meines Erachtens nicht geschlossene Lücken, sondern die Verneinung bestimmter beunruhigender Ahnungen von Ambivalenzen oder aufbrechenden Spannungen, die in die Unbewusstheit verdrängt werden, damit ihre kritischen Hinweise nicht mehr störend auf den Arbeitsverlauf einwirken oder die Vorstellungen über die eigene Identität hinterfragen. Ist die Verdrängung erst einmal vollzogen, wird oft ein Schweigegebot über den Inhalt verhängt, das intuitiv von den Beteiligten gespürt und beachtet wird. In einem nächsten Schritt wird die Verdrängung verdrängt Die langjährig Mitwirkenden haben keinen Zugang mehr. Sie spüren das Fehlen und das Fehlende nicht. Nur ein neuer Mitarbeiter oder externer Berater hat noch die Chance die Irritation, die immer bei einer Verdrängung zurückbleibt, und die Spannung des Schweigens wahrzunehmen. Seine spontanen emotionalen Reaktionen können der entscheidende Hinweis sein. Jedes Fehlen von Anteilen der Wirklichkeit löst ein Stück weit aus ihr und eröffnet einen Raum des Scheiterns, weil wichtige Impulse nicht mehr durchdringen und Kurskorrekturen unterlassen werden.

Der 1. Schritt bei Lippitt: die eigene Geschichte wieder zu erzählen, um sie zu verstehen, hat eine ähnliche Zielrichtung. Die dargestellte Phase 2 fokussiert bei mir aber zunächst auf die Darstellung der akuten Störung und der Eruierung ihres Hintergrundes. Das Ausweichen in die ausgleichende Beruhigung, dass anderes auch weiter gut funktioniert, soll hier nicht vollzogen werden, da die Gefahr und der Ursprung des Scheiterns unverhüllt konfrontiert werden sollen.

Nun folgt in Phase 3, Hinspüren,

die Konfrontation mit der Wirklichkeit auf emotionaler Ebene, das Ausmaß des Erkannten wird auch innerlich erlebbar. Zur Unterstützung können die Lerngeschichte, Hoffnungsbilder, Heldengeschichten der Organisation oder ähnliches verwendet werden. Das persönlich Erlebte braucht einen geschützten Mitteilungsraum für alle Beteiligten. Der Intravisor könnte seine impulsive Reaktion kommunizieren, um ihre ursprüngliche Intensität oder Spannbreite wieder zu aktualisieren. Innere Erlebnisse wie Staunen, danken, befürchten, sich ärgern, ohnmächtig wütend sein, verstört sein oder voller Enthusiasmus und Plänen sein könnte ein uneingeweihter Teilnehmer spontan empfinden und rückmelden. Die durch Gewohnheit abgeschwächten Emotionen wären dann für die Betroffenen im aktuellen Nachvollzug wieder präsent.

Die Schritte 2 bis 3 bei Lippitt entsprechen in etwa der Phase 3: Die *Prouds und Sorries w*erden benannt und der Reichtum der eigenen Werte wird bewusst gemacht.

In Phase 4, Gegenwärtig sein,

kann alles vor dem inneren Auge ruhen, niemand braucht mehr einzugreifen. Die Beteiligten begeben sich über Fantasiereisen, Bildmeditationen, Anwenden analoger Methoden, Tanzimprovisationen, Aufstellungsarbeit, Atembewegungen, Musikmeditationen oder Wachträume in den Raum der Stille, um sich für die Bildaufnahme aus dem Inneren und in Folge dann auch Zukünftigen vorzubereiten.

Um die Gefahr zu entschärfen, in den unbewussten Räumen kontaktlos zu verschwinden oder in sie nicht hineinsinken zu können, wähle ich auch *analoge* Methoden. Das Anwenden analoger Methoden braucht sicher eine Einführung und Begründung, damit sich die Beteiligten einlassen können. »Die analoge, bildliche Ebene ist neben der digital, sprachlichen Ebene nach der Analyse von *Paul Watzlawick*, eine Grundebene der menschlichen Kommunikation. Sie ist sinnfällig und intuitiv begreifbar, dafür aber weniger eindeutig.« (nach: Pohl/Fallner (2005): Coaching mit System, 205)

»Im Betreten des analogen Raumes wird die **Weisheit des Systems** durch das Phänomen des **wissenden Feldes** nutzbar«. (nach: ebd., 206)

Auch *Stephen Lankton* (Schüler *Milton Ericksons*) beschrieb, als er nach den inneren Prozessen in der Arbeit mit Systemen befragt wurde: »Ich brauche immer wieder die Erfahrung, für eine Zeit lang ohne Gedanken zu sein. Das ist für mich eine erweiternde sensorische Dimension. (...) Es überrascht mich oft selbst. Wenn die bewussten Gedankengänge nicht weiterführen, höre ich mich zu einem späteren Zeitpunkt, wo sich alles von selbst zu einer Antwort zusammenfügt. Am Ende habe ich dann ein Gefühl, dass das Ergebnis passt.« (Lankton 1996: In die Rolle des anderen schlüpfen, 226–227)

Sollte ein besonders intuitiv begabter Mensch anwesend sein, kann die Gruppe aus sich heraus geeignete Impulse empfangen. Im Extremfall ist es vielleicht keinem der Beteiligten möglich, sich auf dieser Ebene zu bewegen. In meinem Konzept wäre dann ein externer Intravisor während des ganzen Prozesses anwesend, um die Bildwelt des Systems aufzunehmen und weiterzugeben. Er könnte kommunizieren, was noch ungespürt bleiben musste. Der Intravisor ist Experte für die innere Bildaufnahme, nicht aber unbedingt für das Sachgebiet der Gruppe. Feldkompetenz schadet aber sicher nicht, da der Verstehensraum in dem erfahrenen Intravisor wahrscheinlich gut vorbereitet ist und eine weiter gefächerte Aufnahmekapazität für Ideen vorliegt. Intuition und Feldkompetenz können sich förderlich ergänzen. Der Intravisor ist ja als Person Resonanzraum und sein eigenes Arbeitsmittel, je sensibler und differenzierter er schwingt, umso besser.

Auch in der Phase 4 gibt es eine Parallele zu Schritt 4 und 5 bei Lippitt. Die Visionen aktivieren einen Sog in die Zukunft. Als in weiten Zeiträumen wirkend, kreieren sie eben keinen Druck durch die Bedürfnisse der Gegenwart oder die Nutzlosigkeit vergangener Strategien. Der Sog entfacht in den Beteiligten eher eine angenehme und dynamische Stimmung, da er einen weiten Raum eröffnet und eben nicht das enge Gefühl vermittelt, mit dem Rücken an der Wand zu stehen.

Nach meinen Erwägungen würde ich eher sagen, dass es nicht der Sog in die Zukunft ist, der belebt, sondern die Hoffnung, dass in Zukunft ein innerer Wunsch sich erfüllen wird. Die Kraft kommt aus dem Inneren. Jedes dort gespeicherte Lebensbild hat auch einen entsprechenden Energievorrat, der sich öffnet, wenn das Bild aufgerufen wird. Die Energie tritt als Freude bereits in die Gegenwart und wird als Hoffnung in die Zukunft projiziert. Die vereinfachende Darstellung fokussiert die Projektion und erwartet von dort die Energie als Sog.

Phase 5, Verdichten,

kann über die Anwendung des Dialogs, als schöpferische Besprechung, das jeweils persönlich Erlebte oder Geschaute in den gemeinschaftlichen Austausch bringen. Mandl weist uns auf die Ausweitung von Aufmerksamkeit hin, wenn mehrere Menschen sich offen mitteilen:

> »Noch bevor Sinneseindrücke bewusst wahrgenommen werden, wird gefiltert, welche dieser Sinneseindrücke bedeutsam sind. (…) Dieser individuelle Prozess des Lenkens von Aufmerksamkeit spielt sich kollektiv auch in Besprechungen ab. Weil aber jeder Mensch andere Filter der Wahrnehmung hat, können in Besprechungen die unbewussten Wahrnehmungsfilter dadurch auf ein Minimum reduziert werden, dass darüber gesprochen wird, was jede Person für bedeutsam hält. Dem Phänomen des Groupthink wird so vorgebeugt. Aus der Fülle bedeutsamer Themen erhält in einer schöpferischen Besprechung jeweils eines besondere Beachtung, solange, bis die Zeit reif für das nächste bedeutsame Thema ist.« (Mandl 2008, 24)

> »Martin Buber hat dieses Schöpferische in der ihm eigenen Sprache so beschrieben: *Wo aber das Gespräch sich in seinem Wesen erfüllt, zwischen Partnern, die sich einander in Wahrheit zugewandt haben, sich rückhaltlos äußern und vom Scheinenwollen frei sind, vollzieht sich eine denkwürdige, nirgendwo sonst sich einstellende gemeinschaftliche Fruchtbarkeit.*« (ebd., 26)

Das Wissen um die Wirkungskraft des Dialogs ist schon bei den Griechen bekannt: »Die Grundhaltung des Sokrates lässt sich folgendermaßen umreißen: In der Auseinandersetzung mit den Sophisten hat er deren *monologischer* Haltung, mit der ein Wissender einem Nichtwissenden entgegentritt, die *dialogische* Haltung entgegengesetzt, in welcher die Gesprächspartner als gleichermaßen Nichtwissende bzw. als Fragende sich durch den Dialog um das Verstehen einer Sache bzw. um die Lösung eines Problems bemühen.« (Schmidt-Lellek 2000, 34)

Die moderne Anwendung des Dialogs brachte noch genauere Differenzierungen hervor: »Der Dialog ist eine hochentwickelte Form digitaler Kommunikation und dient dem kollektiven Lernen. Er zielt darauf, dass sich eine Gruppe für den Fluss einer höheren Intelligenz öffnen kann, um über die Grenzen individuellen Verstehens hinauszukommen. Annahmen werden offen mitgeteilt, um viele verschiedene Blickwinkel von komplexen Fragen auszuleuchten.« (nach: Pohl/Fallner 2005: Coaching mit System, 213)

Die Nutzung des *Dialogs* als eine Form des lauten, gemeinsamen Denkens, braucht eine Klärung der Haltung. Seine Kernkompetenzen: »*Zuhören, Stimme erheben, Respektieren und etwas in der Schwebe halten*« (nach Fatzer 2003, *Alpha* vom1./2.März, 1), sollen zunächst vorgestellt werden, bevor ihre Einhaltung erbeten wird. Der Dialog ist geeignet, gemeinschaftliche Entwicklungsprozesse zu begleiten.

> »Wenn es auch ein Risiko darstellt, in den Dialog einzutreten, da man sein Gesicht verlieren könnte und Schwäche zeigt, so ist doch der offene und ehrliche Austausch eine nicht zu unterschätzende Form die *Defensiven Strategien* und die *Erlernte Hilflosigkeit* in Organisationen zu überwinden.« (nach Fatzer 2003, *Alpha* vom 1./2. März, 3).

Der Dialog ist erweiterbar auf eine ganze Gruppe von Menschen, die – um ein Bild zu verwenden – zur Mitte eines Kreises hin sprechen, vielleicht zu einem Feuer, die also laut denken und auf das reagieren, was sie hören.

> »Beim Dialog ist die gesamte Gruppe Lernobjekt, die Mitglieder teilen das potentielle Abenteuer, gemeinsam auf Ideen zu stoßen, auf die sie auf sich selbst gestellt nie gekommen wären.« (Schein 2003, 255)

Die Meisterschaft eines Beraters wäre begründet: »(1) in der Fähigkeit, dialogische Prozesse zu ermöglichen und zu unterstützen, sowie (2) dabei der Versuchung von dogmatisch oder durch Konvention fixierten Sicherheiten zu widerstehen; mit anderen Worten, Meisterschaft ist vor allem in der inneren Freiheit begründet, nicht haften zu bleiben an einmal gewonnenen Erkenntnissen und sich dem, was einem jeweils begegnet, immer wieder öffnen zu können.« (Schmidt-Lellek 2000, 39)

Der Dialog lebt aus der Aktivierung aller bereitstehenden Ressourcen. Dabei scheint das Ganze des Ergebnisses größer zu sein als die Summe seiner Teile. Ein Gedanke stößt einen anderen an und eröffnet eine weitere Dimension im gemeinschaftlichen Denken. So auch Fatzer: »Das Fehlen dialogischer Praxis limitiert die kollektive Intelligenz, die im Dialog entstehen kann.« (Fatzer 2003, *Alpha* vom1./2. März, 3)

Auch hier könnte ein Intravisor wesentlich dazu beitragen, ungewöhnliche Assoziationsbereiche zu eröffnen, die vielleicht zunächst überraschen, aber das geeignete Glied in der werdenden Kette sind. Denken wir als Beispiel an die Worte Jesu für Nikodemus, dass es für die Aufnahme ins Himmelreich einer geistigen Neugeburt bedarf. Seine Worte konnten vielleicht erst Generationen später verstanden werden.

Hier begegnet uns der Schritt 6 von Lippitt, der auch versucht, die Visionen so zu differenzieren, dass sie allmählich umsetzbar werden. Auch Hindernisse kommen in den Blick.

In meinem Modell ist es wichtig, dass immer noch das Menschliche im Mittelpunkt steht, Befürchtungen, Hoffnungen, Werte, Kultur, Identitätswünsche, Verlustängste, Illusionen …, denn die gefertigten Dinge kommen durch die *Menschen* in die Welt, aus ihren Äußerungen werden Veräußerungen. So sind die Menschen der Ausgangspunkt und auch noch für mich in dieser Phase. Die Sachzwänge rücken erst im nächsten Schritt in den Vordergrund.

Phase 6, Erproben,

führt zurück auf die analytische Ebene. Die Sinneseindrücke werden ausgewertet und ein Prototyp des neuen Produktes erstellt. Alle Experimente dienen seinem Test, ob er funktionstüchtig sein kann und auf Umweltbedürfnisse antworten kann. Seine Verwendbarkeit muss fein abgestimmt werden. Sein Erscheinungsbild und seine Bedeutung werden festgelegt und beschrieben. Die Kernkompetenzen wandern allmählich in die geübten Köpfe und Hände der Leitung und der Mitarbeiter zurück. Die konstruierende und formende praktische Tätigkeit gewinnen an Zeitbedarf und Vorrangigkeit. Der Intravisor hat nur noch begleitende Funktionen, vielleicht überprüft er den Kontakt des Erprobungsvorganges mit den Visionen, ob er diese noch in sich trägt, oder ähnliches.

Lippitt versucht ähnlich im Schritt 7 klare Aktionsziele zu erarbeiten, dabei erinnert er daran, dass es hier eine Schwelle der Lernangst gibt, die ganz praktisch ist. Notfalls müssen neue Kompetenzen und Techniken erworben werden, um das neue Produkt zu fertigen

Phase 7, In die Welt bringen,

dient der Entwicklung der geeigneten Form und der Einfügung in bestehende Produktionsverhältnisse. Der Betrieb wird umgestellt und die Vermarktung des Produktes erarbeitet. Seine Identität für die Verwendung ist beschrieben und die ersten Produkte, Dienstleistungen, Prozessverläufe … werden verkauft.

Nun sollte sich auch emotional bei den Beteiligten wieder eine Situation von Sicherheit und Stabilität ergeben, hilfreich dafür ist die Einrichtung von Gesprächsräumen, die dem Austausch der inneren Prozesse dienen, um die individuellen Bewältigungserfahrungen für alle nutzbar zu machen.

> »Organisationslernen muss eher als Organisationsprozess statt als individueller Prozess betrachtet werden. Auch wenn die einzelnen Mitglieder die Agenten des Lernens sind, über die Lernen stattfindet, ist der eigentliche Lernprozess durch einen viel breiteren Set von sozialen, politischen und strukturellen Faktoren beeinflusst.« (Fatzer 2005: Die lernfähige Organisation, 400)

Lippitt sieht den Schritt 8 vor, um durch geschickte Aktionen die Implementierung in den Makrokosmos zu vollziehen. Er beendet mit der größtmöglichen Exaktheit der Einfügung in die bestehenden Umweltverhältnisse. Das ist auch unser Ziel.

Der Intravisor überprüft dieses Gelingen noch aus seiner Warte und kann Rückmeldungen seines Empfindens geben. Die Entscheidungen und Beurteilungen sind aber bereits wieder in der Hand der Leitung und der Mitarbeiter.

Literatur

Argyris, C. (1993): Eingeübte Inkompetenz – Ein Führungsdilemma. In Fatzer, G. (Hg): Organisationsentwicklung für die Zukunft. Köln: EHP

Fallner, H. / Pohl, M. (2005): Coaching mit System. 2. Aufl. Wiesbaden: VS Verlag für Sozialwissenschaften

Hanna, F. J. / Bemak, F. / Chi-Ying Chung, R. (2000): Weisheit – ein »neues« Paradigma für die multikulturelle Beratung. In: Heimannsberg/ Schmidt-Lellek (Hg.): Interkulturelle Beratung und Mediation. Köln: EHP, 43–66

Krizanits, J. (2005): Transition. Die Kunst der personalen Transformation. In: Fatzer, G. (Hg.): Nachhaltige Transformationsprozesse in Organisationen, Trias-Kompass 4, Bergisch Gladbach: EHP, 72–93

Lankton, S. (1996): In die Rolle des anderen schlüpfen. In: Brandau, H. (Hg.): Supervision aus systemischer Sicht. 3. Aufl. Salzburg-Wien: Otto Müller, 226–228

Mandl, C. / Hauser, M. / Mandl, H. (2008): Die schöpferische Besprechung – Kunst und Praxis des Dialogs in Organisationen. Bergisch-Gladbach: EHP

Maturana, H. R. / Varela, F. J. (1987): Der Baum der Erkenntnis. 12. Aufl. Bern und München: Scherz

Scharmer, C. O. (2009): Theorie U – Von der Zukunft her führen. Heidelberg: Carl-Auer

Schein, E. H. (2003): Organisationskultur. »The Ed Schein Corporate Culture Survival Guide«. Bergisch Gladbach: EHP

Schein, E. H. (2003): Prozessberatung für die Organisation der Zukunft. Bergisch-Gladbach: EHP

Schein, E. H. (2005): Organisationskultur ernst nehmen. In: Fatzer, G. (Hg.): Nachhaltige Transformationsprozesse in Organisationen, Trias-Kompass 4. Bergisch Gladbach: EHP, 40–53

Schmidt-Lellek, C. J. (2000): Dialog mit dem Fremden – Das Dialog-Modell als Grundlage interkultureller Beratung. In: Heimannsberg/ Schmidt-Lellek (Hg.): Interkulturelle Beratung und Mediation. Köln: EHP, 25–42

Schöfer, S. (2005): Wir sind – also ist Zukunft: Preferred Futuring als Ansatz der Transformation. In: Fatzer, G. (Hg.): Nachhaltige Transformationsprozesse in Organisationen, Trias-Kompass 4, Bergisch Gladbach: EHP, 94–110 und in diesem Band 187–208

Serhane, W. (2008): Das Gedankendreieck – Denken und Transformation in Organisationen. In: Ahlers-Niemann / Beumer / Redding Mersky / Sievers (Hg.): Organisationslandschaften. Bergisch Gladbach: EHP, 163–186

Welter Enderlin (1996): Zur Bedeutung der Kontextsensibilität in der systemischen Supervision. In: Brandau, H. (Hg.): Supervision aus systemischer Sicht. Salzburg-Wien: Otto Müller, 3. Aufl., 261–267

Die Bibel (1984), nach der Übersetzung Martin Luthers. Stuttgart: Deutsche Bibelgesellschaft

Zeitungen und Zeitschriften :

Fatzer, G. (2003): Eingeübte Inkompetenz. *Alpha, der Kadermarkt der Schweiz*, Verlage: Tagesanzeiger und Sonntagszeitung, 1./2. März, 1–3

Fatzer, G. (2005): Aufwachräume schaffen. *Alpha, der Kadermarkt der Schweiz*, Verlage: Tagesanzeiger und Sonntagszeitung, 15./16.Oktober, 1–3

Fatzer, G. (2008): Wahrnehmen und handeln. *Alpha, der Kadermarkt der Schweiz*, Verlage: Tagesanzeiger und Sonntagszeitung, 1./2. März, 1

Tischinger, A. (2008): Rechtes Entscheiden in der Kirche. In: *Profile* 16, Internationale Zeitschrift für Veränderung, Lernen, Dialog. Bergisch-Gladbach: EHP, 131–137

Religiöse Erwartungen an die Rolle des Beraters

Britta Schönberger

Einleitung

Jede menschliche Gemeinschaft legt sich in ihrem Verhalten auf ordnende Gesetze fest. Man spricht eine Sprache und versichert sich in Kult, Riten, Festen und Traditionen der Zusammengehörigkeit. Eine gemeinsame religiöse Bindung an ein Gottesbild strukturiert auch die menschlichen Beziehungen. Die Verpflichtung zu gegenseitiger Annahme und Unterstützung schöpft hier aus einem tieferen Grund Kraft und Motivation. Das Überleben aller wird angezielt und zumeist auch erreicht, so dass sich das gemeinsame Vorgehen als plausibel erweist.

Über lange Zeit gewährleistete die etablierte Kirche die Rückbindung an die ordnenden und schöpferischen göttlichen Kräfte. Nun verliert die Ausübung der Religion an offiziellem Einfluss und wird von einer privaten Spiritualität abgelöst. Vom Zwang einerseits befreit, bleibt andererseits ein Bedürfnis der Gesellschaft und des Einzelnen nach selbstverständlicher Geborgenheit ungestillt. Die persönliche religiöse Auseinandersetzung gestaltet sich vielseitig, wird aber mit einem Gefühl der orientierungslosen Sehnsucht verbunden.

Ich bewerte den Verlust einer selbstverständlichen religiösen Bindung als eine Irritation bezogen auf das eigene Sein, die sich in jeden Bereich des Lebens hinein auswirkt und ersatzweise permanente individuelle Identitätssetzung erfordert. Auch die Berufsausübung vollzieht sich nun nur durch die eigene Kraft, ohne Segenszuspruch, und ein erreichter Platz in der Gesellschaft kann bei wechselhaftem Geschick unüberschaubar schnell verloren werden, ohne dass eine grundlegende Zugehörigkeit einen Ausstoß abfangen könnte.

Erste Hypothese

Zerbricht die innere Übereinstimmung mit den eigenen Aufgaben, verweigert die Gemeinschaft die Bestätigung der Sinnhaftigkeit des beruflichen Tuns oder kann die Erwerbstätigkeit nicht mehr gewissenhaft verantwortet werden, empfinden wir Unzufriedenheit, vielleicht sogar Unglück und Schuld. Fällt die korrigierende, ermutigende, vergebende Perspektive der Religion aus, bedarf es eines neuen Mittlers, der die Harmonie von Sein und Tun wiederfinden hilft. Ich behaupte, dass dieser Wunsch unausgesprochen an eine Person in der Rolle des Beraters gerichtet wird.

Der Begriff der Religion

Eine sprachphilosophische Beschreibung soll versuchen, den Begriff der Religion zunächst zu klären:

›In der Religion wird versucht, vom Unsagbaren rational zu reden. Dieses Unsagbare ist ein Sein, das jedes Denken transzendiert und dennoch vernünftig gedacht und auch gesagt werden soll. Das in rationalen Formen Ausgesprochene kann über sich hinaus auf eine Kategorie des Metalogischen oder Transzendenten weisen. Aus einem absoluten, unbedingten Sinngrund bringt der Mensch in einem geistigen Akt die einzelnen Sinnformen hervor. In der Ausübung von Religion beziehen wir uns also immer auf das Unbedingte oder Heilige. Das unsagbare Numinose begegnet dabei in der Spannung zwischen mysterium tremendum und mysterium fascinosum. Es bringt uns zum Zittern und zum Staunen. Die angemessene menschliche Haltung diesem Einwirken gegenüber ist Demut und dankbare Freude.‹ [Dieser Abschnitt ist zusammengefasst aus: Günther Keil (1986), 93–95]

Das Numinose ist dynamisch fließend und nicht festlegbar, es wirkt auf die Menschen ein und bringt durch den Einzelnen und seine gemeinschaftliche Existenz ein Geschehen hervor. Dieses Phänomen entspricht meiner Einschätzung nach dem strukturellen Driften, wie es die moderne Erkenntnistheorie beschreibt. So äußern sich Maturana und Varela wie folgt: »Wesentlich für einen sprachlichen Bereich ist das ko-ontogenetische strukturelle Driften, zu dem es kommt, indem die Mitglieder eines sozialen Systems zusammenleben.« (Maturana/Varela 1987, 226)

Die Lebensbewegung

Religiös gesprochen, wird der Mensch gezeugt in der Vereinigung von Materie und Geist. Die irdische Gestalt wird durch den Atem belebt und folgt handelnd ihrem eingeprägten Wesen in den Möglichkeiten seiner Freiheit.

Naturwissenschaftlich beobachtet, ergibt sich das Menschseins aus dem Zusammenwirken zweier Grundbewegungen in dem Organismus:

a) dem Vegetativen, parasympathischen und sympathischen Nervensystem im antagonistischen Zusammenspiel, das unser Überleben gemäß der gesammelten Menschheitserfahrungen genetisch steuert und

b) dem willkürlichen Nervensystem, in der Kopplung sensorischer und motorischer Impulse, das uns einen Handlungsspielraum in der jeweiligen Situation eröffnet.

Wir bewegen uns in der Spannung von Geschehenlassen und Eingreifen, von unbewussten Impulsen und bewusster Wahl, immer gebunden an die Einhaltung unserer körperlich-seelischen-geistigen Grenzen.

Das Gefühl des Friedens und der Übereinstimmung ergibt sich aus dem Zusammenfallen beider Bewegungen zu einem Erleben. Seligkeit ist der Zustand, wenn das Tun dem Sein entspricht oder – auf einer anderen Ebene gesprochen – wenn des Bewusstsein mit dem Unbewussten zusammen schwingt. Dieser Zustand größtmöglichen Glücks ist fragil und zerfällt wieder in die Spannung der Distanzierung beider Grundbewegungen voneinander, er wird stets neu von den Menschen angestrebt.

Wir sind frei darin, dem Driften unseres Seins bewusst zuzustimmen und ihm handelnd zu folgen, oder uns ihm zu verweigern. Darin liegt unsere menschliche Würde, eine Herausforderung und Gefahr.

Selbst bei einem Ablösen von der spontanen Bewegung unseres Seins stirbt die Person nicht, vielmehr wirken die Lebenskräfte nun auf Umwegen in uns weiter und versuchen neue Balancen herzustellen. Sein und Tun beeinflussen sich wechselseitig, aber es gibt Grenzen für das Lebbare. Entfernt sich unser Tun zu weit von den Strukturen des Seins, beginnt die Todesgefahr.

Die Fähigkeit, die uns den unbedingten Seinsgrund spüren lässt, ist das Empfinden.

Es besteht die Gefahr, dass der innere Zusammenhang zwischen Tun, Denken, Fühlen und Deuten einerseits und Sein andererseits reißt, ohne dass wir es sofort merken, wenn wir uns in unserem bewussten Verhalten zu weit aus der natürlichen Seinsweise entfernen. Gründe dafür können persönliche Traumata, die Abwehr eines emotionalen Erlebens, die Verweigerung einer inneren Entwicklung und vieles mehr sein. Die Lebensquelle in uns versiegt allmählich. Wir spüren eine Erschöpfung in uns sinnlos erscheinenden Tätigkeiten. Eine Unruhe entwickelt sich zur Sehnsucht nach wieder erlebbarer Übereinstimmung und treibt zur Suche nach dem Verstehen und Verhalten, das dem eigenen Sein in seiner Begrenzung wieder entspricht. In diesem Bemühen wollen wir erkennen, wie wir sind und was wir überhaupt tun. Hier bedarf es der Metaebene der Selbstbeobachtung.

Zweite Hypothese

Die Beobachtung des eigenen Erkennens ist eine religiöse Bewegung. Sie führt in das mystische Schauen der numinosen Kraft, die das Bewusstsein mit dem eigenen innersten Seinsgrund verbindet und es über das Persönliche hinaus zum großen Lebensfluss hin weitet, der als heilig empfunden wird. Aus ihm schöpft der Mensch auch Orientierung für den individuellen Lebensvollzug.

Der Seher

›Überall und zu aller Zeit gab es Menschen, die von einer höheren Warte aus Lösungen anbieten konnten, die den Einklang mit dem Leben wieder herstellen halfen. Diese Menschen waren gleichzeitig innerhalb und außerhalb des Systems ihrer Dorfgemeinschaft. In ihrem Sonderstatus hatten sie volle Zugehörigkeit.

Ihr Leben an abgelegen Orten verweist darauf, dass sie in anderen Welten zu Hause waren und mit einem höheren Wissen ausgestattet waren. Sie bezogen das alltägliche Leben auf ein größeres Ganzes, auf das man sich zurückbesinnen musste, wenn man aus der heiligen Ordnung gefallen war, was sich in Krankheiten, Krisen und Konflikten widerspiegelte.

In diesem religiösen Denkens bezieht man sich auf einen immanenten Schöpfungsplan, der verborgen bleibt und sich nur unter bestimmten

Umständen teilweise offenbart. Heilung jeglicher Versehrung ist nur möglich in Entsprechung mit diesem Plan. Da die Schöpfung sich dynamisch weiterentwickelt, sind begleitend orientierende Visionen gefragt.

Der Seher bereitete sich ständig durch spirituelle Übungen und die Ganzheit seines Lebenswandels auf die Visionen vor und hielt die große Vision für die Gemeinschaft aufrecht. So half er die Geschicke zu lenken zu dem hin, was werden wollte. Er selbst schöpfte seine Weisungen aus Eingebungen und innerem Wissen. Nur getragen von einem grenzenlosen Vertrauen auf das Große Ganze, ließ er immer wieder alle Konzepte hinter sich und durchlebte seine Höhen und Tiefen.‹ (Zusammenfassung von: Schüers 1991, 43–53)

Der Seher ist in sich dem Seinsgrund gegenüber geöffnet. Er sieht den göttlichen Traum davon, was in die Welt geschöpft werden soll. Diesen Traum kann er den anderen vermitteln. Weil er die Ordnungen des Lebens kennt, sieht er die Folgen von Handlungen, bevor sie eintreten. Da die Worte vielleicht Angst oder Widerstand erzeugen, muss er, um seine Worte zu schützen, selbst als Person unabhängig sein und sich zurückziehen können. Mit dem Aussprechen ist sein Auftrag erfüllt. Nun können seine Worte weiterführend von dem Priester in eine ritualisierte Form gebracht werden, so dass sie im Kollektiv als neue Bestimmung und Fügung erlebbar werden. Ein Bild entsteht dann im Bewusstsein der Gruppe. Künstler bilden die Inhalte kreativ ab und stellen ihre Gestaltung der Gemeinschaft zur Verfügung, die Führungskraft führt die zukunftsfähige Veränderung durch.

Entstehen von Rollen

Jedes Lebewesen ist zunächst in seinem Überlebensdrang auf die eigenen Kräfte angewiesen. Durch das Entstehen menschlicher Gemeinschaften verteilen sich zentrale Lebensfunktionen auf Mitglieder eines Dorfes. Es entsteht eine Rolle mit Auftrag, Erwartung, Kompetenz und Wertschätzung. Der Rollenträger ist nun der Gemeinschaft gegenüber verpflichtet, seine Rolle gut auszufüllen, um das Überleben aller zu sichern.

Jeder erhält aufgrund der Festlegung einen Stellenwert in der Gemeinschaft und muss ihr gegenüber Rechenschaft ablegen. Je differenzierter die Gemeinschaft wird, desto spezialisierter entwickeln sich auch die

Rollenbilder. Die Aufteilung der Lebensfunktionen greift in alle Lebensbereiche ein, so dass ein Mensch, bezogen auf sein Verhältnis zu anderen Menschen, bestimmte Rollen einnimmt, die er parallel zueinander behält, aber situativ anwendet.

Jeder Beruf differenziert sich in den unterschiedlichen Organisationen weiter mit komplexen Kooperationsbündnissen, die beschreibbar sind: »Ich verstehe Rollen in Organisationen (in Anlehnung an Sievers 1986) als Schnittmenge von persönlichen Wünschen, Forderungen und Beiträgen des Rollenträgers einerseits und den Anforderungen und Beiträgen der Organisation andererseits.« (Hantschk 1994, 163)

Erwartungen an den Rollenträger

Für alle Rollen gilt generell: »Damit das Rollenverhalten gelingt, braucht es Rollenreziprozität, eine Übereinstimmung mit dem eigenen Selbstbild und den eigenen Werten, eine Angemessenheit bezogen auf die Situation und die Aufgabe.« (Grinell 1990, 109 f.)

Im Extremfall fordert die Rolle sogar die Unterordnung des Individuellen. Die Gemeinschaft weist einen Auftrag zu, der Vorrang hat vor persönlichen Entscheidungen. So ist von dem Einzelnen Disziplin, Selbstüberwindung und Kompetenzerweiterung gefordert. Die anderen können sich darauf verlassen, dass im Ausfüllen der Rolle der Beitrag zum Überleben geleistet wird. Die Mitmenschen reagieren mit Auflehnung, Enttäuschung, Verachtung und Ausstoß, wenn der einzelne eine Rolle zwar besetzt, aber nicht die zugeordneten Erwartungen erfüllt.

Wenn in einer kleinen Gemeinschaft jede Rolle nur einfach besetzt ist, muss sie von dem Inhaber nach einer Lernzeit beherrscht werden. Im Falle des Verfehlens tragen alle den Schaden. Einer versagt und alle leiden. Es entsteht der Druck des Sozialen auf die Eigenart des Einzelnen.

Sollte das Versagen eine festgelegte Grenze überschreiten, so entwickelt das Kollektiv eine Wut und den Wunsch, die Person loszuwerden, um die Rolle neu besetzen zu können. Die Toleranz dem Einzelnen gegenüber ist dabei umso geringer, je größer die Existenznot für alle wird.

Was für alle Rollenträger gilt, ist auch auf den Seher oder seine umbenannten Nachfolger in ähnlicher Funktion anzuwenden.

Dritte Hypothese

Die Fußstapfen der Seher sind unausgefüllt. Die Erinnerung an die schützende religiöse Rückbindung und der Wunsch nach verlässlicher Unterstützung und Orientierung lassen die Menschen nun nach geeigneten Personen suchen, die die Spur wieder aufnehmen. Auch ein Berater wird mit diesem Wunsch konfrontiert.

Heutige Anliegen an einen Seher

Jede Gemeinschaft, so auch jede Organisation, wünscht sich noch heute – oft unausgesprochen – einen Seher. Er ist der Grenzgänger, der die Schwelle zwischen dem Ewigen und Zeitlichen, dem Wirkenden und der Wirklichkeit, dem Driften und Handeln in beide Richtungen überschreitet. Er soll den Kontakt zu den tragenden Kräften halten, damit die Projekte gelingen können. Er soll Ressourcen aktivieren, die lösenden Entscheidungen vorbereiten helfen und ein Scheitern verhindern. Er soll Bewährtes tradierbar machen und dennoch zukunftsfähige Neuerungen in den Blick bringen.

Es braucht seine Bewegung, die auch auf die Menschen bezogen nicht linear oder eindimensional ist, sondern einer Welle gleicht, die ständig zwischen den Polen von Nähe und Distanz schwingt. Aus der emphatischen Verbindung löst er sich wieder in die analytische Betrachtung. Das analytisch Zerlegte kann er liebend zusammensetzen zu einem visionären Bild. Diese Reflexion, die horizontal und vertikal zugleich ist, eröffnet auch allen anderen eine zusätzliche Perspektive, die Tiefendimension hat und kreativ geeignete Handlungsoptionen auftauchen lässt. Der Seher lehrt die vieldimensionale Betrachtung. Die so Geschulten lernen selber sehen.

Die zu bearbeitenden Probleme können auch aus dem Zusammensein der Menschen entstehen. Zum Beispiel wird das Gruppenschicksal über das Einzelschicksal gestellt. Diese Tatsache geht mit der modernen Auffassung, dass das Individuum in seiner persönlichen Freiheit geschützt ist, nicht zusammen. Schon entsteht ein Konflikt mit zwei Polen:

a) Das Kollektiv zerstört die Eigenart im sozialen Anspruch

b) Der egoistische Eigenwille vernachlässigt die Bedürfnisse der Gemeinschaft

Eine Lösung gelingt nun nur noch durch Bezug auf ein großes Gemeinsames und das liebevolle Annehmen der anderen Interessen. Nicht: entweder–oder, sondern: sowohl das Ganze als auch ich. Diese Lösung kann nur von einer Metaebene aus in den Blick kommen.

Eine Entwicklungsrichtung benennen, geeignete Handlungen anbahnen und die beteiligten Menschen für den Vollzug vorbereiten ist in seinem Ursprung eine religiöse Bewegung. Ihr Bedarf besteht in der profanen Welt weiter. Auch wenn die modernen Konzepte sich auf menschenmachbare Vorgänge beziehen, schöpfen sie doch unbenannt aus den Seinsgründen des Lebens.

Die Aufgabe des Sehers war anspruchsvoll. Wir ahnen, dass die heutigen Berater einem ähnlichen Anspruch ausgesetzt sind. Eine klare Formulierung des Kontraktes kann helfen, vor überzogenen Erwartungen zu schützen und dennoch die Tragweite der Reflexionsprozesse nicht aus den Augen zu verlieren.

Aufgaben, die sich für den Berater ergeben

Nach Hantschk hilft die supervisorische Beratung, Ängste zu reduzieren, Handlungsfähigkeit zu erhalten bzw. zu erhöhen, notwendige Veränderungen mit wenig Widerständen und Konflikten zeitökonomisch durchzuführen, Engagement und sogar Begeisterung bei Vorgesetzten und Mitarbeitern zu entwickeln. (Hantschk 1994, 162)

Die hier benannten Arbeitsschwerpunkte klingen zunächst klar und einfach. Ihnen voraus geht aber die Persönlichkeitsentwicklung des Beraters, und begleitet wird der Prozess durch das Vertrauen der Beteiligten und die Bereitschaft, sich auf eine Vision von außen einzulassen. Dieser komplexe Vollzug, dass diese Ziele überhaupt erreicht werden können, speist sich meines Erachtens aus der zutiefst menschlichen Fähigkeit zu lernen und in eine Begegnung einzutreten, die man verändert verlässt. Wissend, dass wir in uns bereits Raum für das Begegnende haben, integrieren wir das Erlebte in unsere bewusste Betrachtung und es sinkt sogar in unseren unbewussten Lebensvollzug.

Wie die früheren Seher versucht der Berater über seine eigenen Empfindungen Kontakt zu dem zugrundeliegenden Bild des Geschehens zu finden. Er nutzt alle seine Kenntnisse, Methoden, Theorien und Erfahrungen, um sich einen Überblick zu verschaffen und eine Hypothese zu konstruieren. Er bringt seine Erkenntnisse fragend ins Spiel und schlüpft auch in das Gewand des Narren, der sprechend irritiert, aber auch verlacht werden kann. Im Gegenüber werden die eigenen Emotionen, Fantasien, Denkhaltungen, Erklärungsmodelle und Erfahrungen aufgerufen, so dass sich ein eigener Zugang öffnen kann. Diesen Prozess des Sich-Öffnens für eine höhere Ebene des Verstehens kann er begleiten, um sich aber mit den eigenen Empfindungen und Ideen wieder zu entfernen und erneut zu nähern.

Schluss

Als Berater lassen wir uns berühren und bewegen von dem noch Unbekannten und schöpfen aus Kräften, die uns innewohnen, sowie aus Ein*gebungen* und Be*gabungen*, die uns zufallen. Mit jedem Akt der Bewusstseinserweiterung und deren Handlungsfolgen geben wir auch dem numinos Wirkenden eine Gestalt in der Welt. Religiös gesprochen: *Das Wort wird Fleisch.*

Im Beratungsprozess verstärkt sich mit der Förderung beruflicher Möglichkeiten auch das Empfinden der Lebendigkeit. Oft unerkannt berührt das bereits die religiöse Dimension. Religiöse Erwartungen an die Rolle des Beraters tauchen nach meiner Einschätzung auf, werden aber nicht identifiziert oder benannt, wirken eher als eine vage Hoffnung auf Unterstützung bei der eigenen Sinnsuche und haben in ihrer Sehnsucht nach gelingendem Leben durchaus eine Berechtigung. Wenn sie nicht als Zumutung oder Belastung aufgenommen werden, können sie als ein Ausdruck der Wertschätzung und der ernsten Absicht der Kunden aufgefasst werden.

Die Projektion des Bildes eines Sehers scheint mir dabei annehmbar, da sie Freiraum und Offenheit in sich birgt. Sie ist nicht identisch mit der

Projektion des Erlöserbildes, die abzuweisen wäre, denn der Erlöser trägt das Scheitern des Systems stellvertretend, damit dieses ohne Konsequenzen dasselbe Ungeeignete weiter tun kann.

Ich finde, religiös dürfen Erwartungen an Berater sein, auch unerkannt, da die umfassende Erwartung den Einzelmenschen selbst mit seinen eigenen Ressourcen in Kontakt bringt, ein Team in seiner Kooperation auf ein Ziel hin fokussiert, die Kräfte der Organisation fließen lässt und von einem gesellschaftlichen System faire Strukturen fordert. Solche Prozesse begleiten zu können, befreit auch den Berater davon, den Sinn seiner Tätigkeit suchen zu müssen, da er in der Freude des Miterlebens und in dem Wachsen der eigenen Achtsamkeit ihn hautnah spürt.

Literatur

Eck, C. D.: Rollencoaching als Supervision – Arbeit an und mit Rollen in Organisationen. In: G. Fatzer (Hrsg.): Supervision und Beratung, ein Handbuch. Köln: EHP, 209–248

Gotthardt-Lorenz, A.: »Organisationssupervision«: Rollen und Interventionsfelder. In: H. Pühl (Hrsg.): Handbuch der Supervision 2. Berlin: Volker Spiess, 363–379

Grinell, S. (1990): Rollenverhalten in der Supervisions-/Beratungsbeziehung. In: G. Fatzer (Hrsg.): Supervision und Beratung, ein Handbuch. Köln: EHP, 109-113

Hantschk, I. (1994): Rollenberatung. In: H. Pühl (Hrsg.): Handbuch der Supervision 2. Berlin: Volker Spiess, 162–172

Keil, G. (1986): Glaubenslehre. Stuttgart: Kohlhammer

Kepner, J. I. (1988): Körperprozesse, ein gestalttherapeutischer Ansatz. Köln: EHP

Lammers, W. (2006): Chefsache. Maienfeld: Institut für angewandte Sozialwissenschaften AG

Maturana, H. R. / Varela, F. J. (1987): Der Baum der Erkenntnis. 12. Aufl. Bern und München: Scherz

Schütz, E. / Rothschuh, K. E.: Bau und Funktion des menschlichen Körpers. München-Berlin-Wien 1973: Urban & Schwarzenberg

Schüers,W. (1991): Supervision und Vision – Parallelen zur Tradition der Heiler. In: H. Brandau (Hrsg.): Supervision aus systemischer Sicht. Salzburg-Wien: Otto Müller, 43–53

Coaching als Begleitung von Transformationsprozessen

Gerhard Fatzer / Sabina Schoefer

Person und System entwickeln

Bevor wir erste Schritte eines Coaching-Ansatzes oder -Verständnisses formulieren, das den Ansprüchen einer systemischen Transformationsbegleitung gerecht wird, stellen wir das beraterische Umfeld des Coachings dar.

Coaching hat ja als eine mögliche Interventionsform von Organisationsentwicklung schon immer existiert, auch lange bevor sich die Supervision dieses neuen Betätigungsfeldes angenommen hat. Dazu stellen wir einleitend eine vergleichende Gegenüberstellung wichtiger Beratungsansätze mit ihren professionellen Wurzeln (s.a. Fatzer 2005a) dar.

Supervision – Coaching – Organisationsentwicklung

Die drei Beratungsformen im Übergang zu einem neuen Paradigma: Beratung als Begleitung von Lern-, Veränderungs- und Entwicklungsprozessen

Wir haben in verschiedenen Publikationen zu den Ähnlichkeiten und Unterschieden von Supervision, Coaching und Organisationsentwicklung festgestellt, dass diese Unterscheidung von konkurrierenden Feldern, die auch ihre eigenen Dachorganisationen, Ausbildungsstätten und Repräsentanten haben, immer weniger Sinn macht. Wir möchten weniger auf die Unterschiede, sondern mehr auf die Hintergründe und Gemeinsamkeiten dieser drei Beratungsformen eingehen.

Sehen wir uns die Ausprägungen der drei Felder an, so haben alle drei Beratungsformen mit der Begleitung von Lern-, Veränderungs- und Entwicklungsprozessen zu tun.

Die Unterschiede sind in den Settings zu sehen, nämlich das eine Mal mit Einzelpersonen in Führungspositionen (Coaching), mit Einzelpersonen in ihren Konflikten in Bezug auf ihre Arbeit und Biographie (Einzelsupervision), dann mit Gruppen oder Teams oder Projekten (Supervision oder Organisationsentwicklung) oder mit ganzen Teilen der Organisation oder ihren Subsystemen (Organisationsentwicklung). Für den Kunden oder Auftraggeber oder die Klientenorganisation ist es wichtig, dass professionelle Unterstützung geleistet wird. Die genaue oder sinnvolle Form wird im gemeinsamen Kontrakt entschieden. Hier ist der Kunde auf die fachgerechte Empfehlung und Indikation des Beraters angewiesen.

Worin unterscheiden sich denn jetzt die drei Formen? Die hauptsächliche Unterscheidung kann in der historischen Herkunft oder dem Professionsfeld gesehen werden, in dem sich Supervision, Coaching oder Organisationsentwicklung geformt haben (s. Abb. 1 und 2).

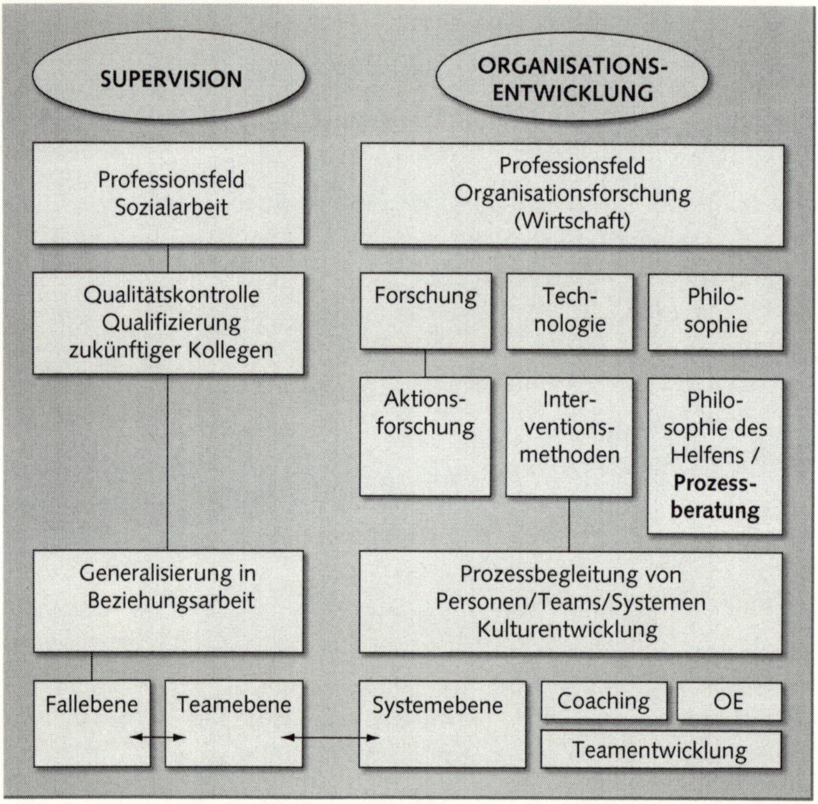

Abb. 1: Supervision und Organisationsentwicklung. Entstehungszusammenhänge und Zielsetzung

© Fatzer 2005

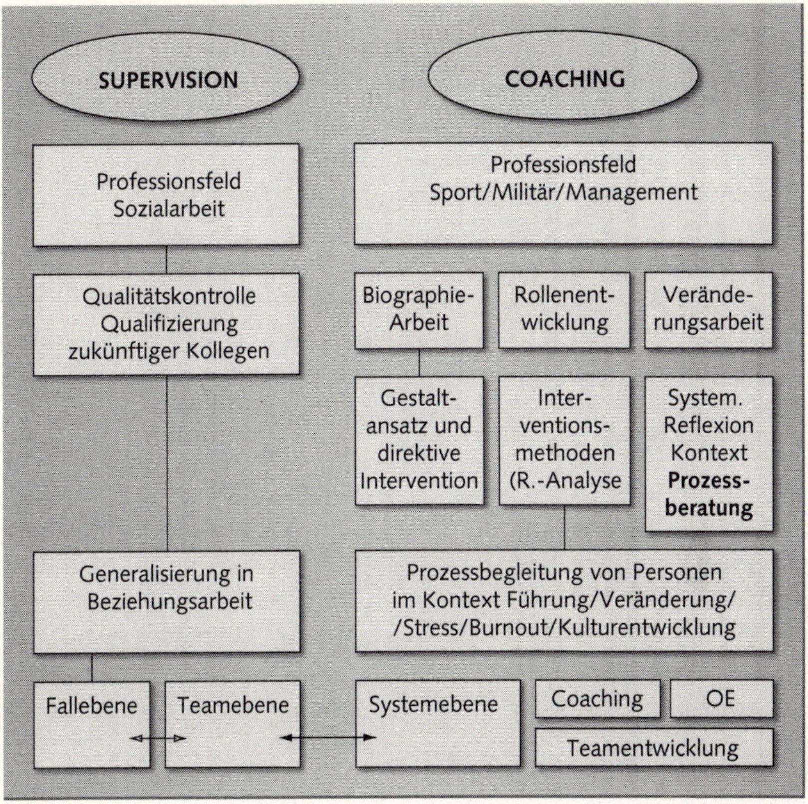

Abb. 2: Supervision und Coaching. Entstehungszusammenhänge und Zielsetzung

© Fatzer 2005

Sehen wir uns die drei Beratungsfelder Supervision, Coaching und Organisationsentwicklung an, so stammt Supervision aus dem Professionsfeld der Sozialarbeit und wurde ursprünglich als Qualitätskontrolle zur Qualifizierung zukünftiger Berufskollegen eingesetzt und entwickelt.

Entsprechend kann Supervision in einer Definition *als Bearbeitung von arbeitsbezogenen Themen und Konflikten* umschrieben werden. Da sie *ursprünglich* vor allem *als Einzelsupervision* betrieben wurde, sind die *Themen bezogen auf Person, Arbeit, Biographie und Rolle/Funktion.*

Hier sieht man bereits die möglichen Überschneidungspunkte mit Coaching. Durch die Systemanwendung von Supervision im Modell von

Balint kann die Supervision als Verfahren für jegliche Beziehungsarbeit generalisiert werden. Balint hat dies im Dreieck zwischen Arzt, Patient und Krankheit gezeigt. Dieses Modell kann auf alle Berufe ausgeweitet werden, die Beziehungsarbeit beinhalten. Dies sind z. B. Lehrer-Schüler und Unterricht/Lernen oder Sozialarbeiter-Klient und Thema/Institution. Rappe-Giesecke hat dieses Modell als generelles Modell für die Fallebene bezeichnet. Entsprechend hat sie der Supervision auf der Fallebene als nächste Ebene die Teamebene und als dritte Ebene die Institutionsebene beigefügt. In dieser Ausweitung von klassischer Supervision wird auch eine mögliche Ausweitung des Professionsfeldes Supervision aufgezeigt. In einer Übersicht zeigt Rappe-Giesecke alle Spielformen von Supervision (s. Abb. 3).

Vergleicht man Supervision und Coaching, so stammt Coaching aus dem Professionsfeld des Sports, des Militärs und der Führungsausbildung. Darum ist Coaching auch sehr viel direkter und verhaltens- / aufgabenorientierter als Supervision. Natürlich reflektiert man auch biographische arbeitsbezogene Themen. Aber Coaching ist bezogen auf Rollen- und Funktionsträger in einer Organisation, z. B. Führungskräfte, Projektleiter, Personalentwickler. Auch sie stehen – ähnlich wie in der Supervision – in der Beziehungsarbeit. So bezeichnet z.B. Looss (2006) das Coaching als Einzelsupervision von Beziehungsarbeitern. Neben der Biographiearbeit steht im Coaching die Karriereentwicklung, die Rollenentwicklung und die Führungs- / Veränderungsarbeit im Mittelpunkt. Methodisch werden z. B. in der Biographiearbeit Elemente des Gestaltansatzes und direktiver Verfahren eingesetzt (z. B. Looss ebd.). Zur Rollenentwicklung steht klassischerweise die Rollenanalyse (Schein 2000; 1994; Eck 1990), und für die systemische Reflexion des Kontexts als Veränderungsarbeiter steht die Prozessberatung (Schein 2000; Fatzer 1993). So kann *Coaching* definiert werden als Prozessbegleitung von Personen im Kontext von Führung, Veränderung, Stress, Burnout und Kulturentwicklung. Coaching wird so auf der Systemebene ergänzt durch Teamentwicklung oder Organisationsentwicklung. Die Schnittstellen sind gut beschrieben bei Looss (2006; s. a. Abb. 2).

Sehen wir uns als drittes Feld die *Organisationsentwicklung* an, so entstammt sie dem Professionsfeld der Organisationsforschung/Wirtschaft.

Administrative Supervision	Ausbildungs-Supervision educational supervision	Supervision in OE-Prozessen clinical supervision	Berufsbegleitende Supervision clinical supervision		
			klientenbezogen	**koop.bezogen**	**rollenbezogen**
• Kontrolle der Arbeit • Fachliche Begleitung • Personalführung • Personale Entwicklung*	Erlernen einer bestimmten Methode oder Profession*	Begleitung von strukturellen Veränderungsprozessen*	• Fachkompetenz erhöhen • professionelle Identität entwickeln • Kontrolle der Arbeit*	• Effektivierung der Kooperation • Arbeitszufriedenheit schaffen • Aufgaben- und Klientenbezogenheit stärken • Identität entwickeln*	• Aufgaben klären • Rollengestaltung • Rolle - Person - Organisation in Einklang bringen*
*Teil der Personalführung***	*Teil eines übergreifenden Ausbildungssystems ***	*In OE-Prozess eingegliederte Form von berufsbegleitender Supervision ***	• *Gruppen-SV* • *Balintgruppe* • *Einzel-SV***	• *Team-SV* • *Projekt-SV***	• *Einzel-SV* • *Coaching* • *Leitungsberatung***
fachlicher Vorgesetzter (der Chef als Coach) mit Qualifikation im Mitarbeitergespräch und beruflicher Beratung***	**»Meisterin oder Meister« der Methode oder Profession*****	**SupervisorInnen mit Kenntnissen in Organisationsberatung*****	**erfahrene Angehörige einer Profession, die Supervision oder Balint-Gruppenarbeit gelernt haben*****	**in Institutionsanalyse ausgebildete SupervisorInnen *****	**in Institutions- und Rollenanalyse ausgebildete SupervisorInnen*****

* Ziele
** Settings
*** Qualifikation der SupervisorInnen

Abb. 3: Typen von Supervision
(überarbeitete Fassung von Rappe-Giesecke 2002b)

Sie wird nachher beschrieben in der klassischen Definition von Schein und umfasst methodisch die Aktionsforschung, daraus entwickelte Interventionsmethoden und wird beschrieben als eine Philosophie des Helfens in ihrer klassischen Form der Prozessberatung. Sie ist eine Prozessbegleitung von Personen, Teams und Systemen zum Zwecke der Kulturentwicklung (s. Abb. 4).

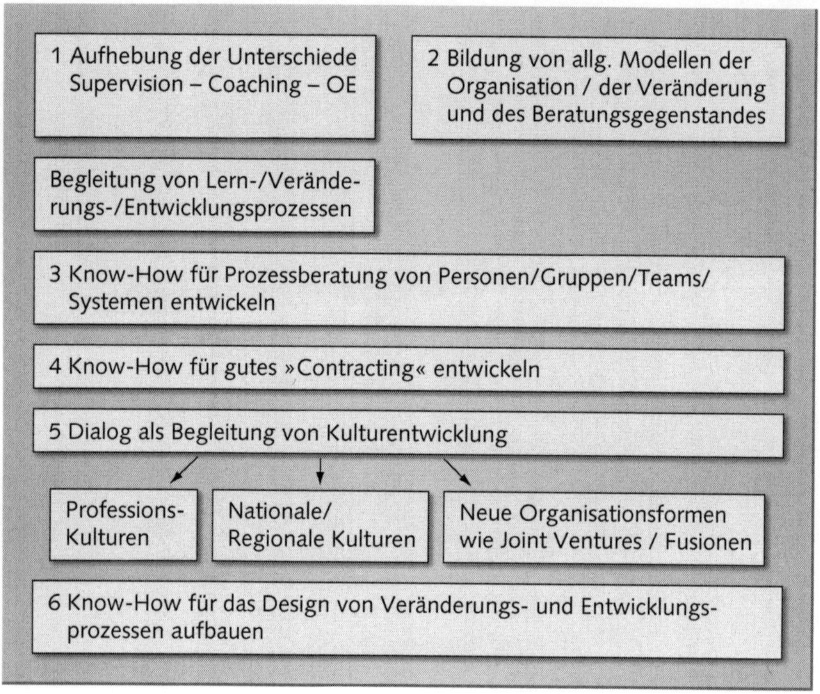

Abb. 4: Supervision, Coaching und OE – was ist zu tun? © Fatzer 2005

Supervision, Coaching und Organisationsentwicklung in der Neuorientierung

Die Auswirkungen auf die Beratung oder Supervision, die im nächsten Abschnitt detaillierter geschildert werden, kann folgendermaßen beschrieben werden (s. a. Abb. 5).

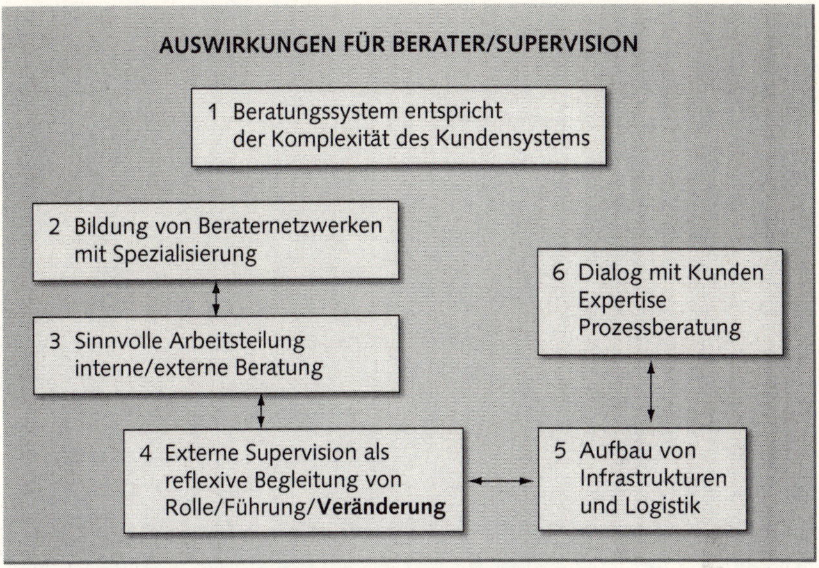

Abb. 5: Herausforderungen für Supervision/Coaching/OE © Fatzer 2005

1. Das *Beratungssystem entspricht der Komplexität des Kundensystems.*
2. Es entstehen *Beraternetzwerke mit Spezialisierungen*. Damit kann das weit verbreitete Einzelkämpfertum etwas gemildert werden.
3. Es entstehen *sinnvolle Arbeitsteilungen zwischen internen und externen Beratern.*
4. *Externe Supervision* wird zur reflexiven Begleitung von Rolle, Führung und Veränderung eingesetzt.
5. Berater oder *Beratergruppen bauen Infrastrukturen und eine gute Logistik* auf. In der Auseinandersetzung mit großen Beratungsunternehmen vornehmlich aus dem amerikanischen Raum, die im Gefolge von verschiedenen Bilanzfälschungsskandalen amerikanischer Konzerne negativ in die Schlagzeilen kamen und mitverantwortlich sind für einen hohen Imageverlust von Beratung, können diese kleineren Beratungsgruppierungen im Moment im Markt einen großen Vorteil genießen. Erhielten früher McKinsey, Andersen und andere Expertenberatungsfirmen alle großen Umstrukturierungsprojekte, sind die großen Firmen momentan bemüht, große Projekte zu stoppen und große

Beratungsfirmen nicht mehr zu beschäftigen. Andersen Consulting ist sogar aufgelöst worden, da die Verbindung von Revisionsgesellschaft und Beratung unprofessionell ist. Hier also können Prozessberatungs-Spezialisten im Moment stark auftreten.

6. *Dialog mit den Kunden ist nötig geworden.* Die Berater müssen herausfinden und gemeinsam mit den Kunden erforschen, welche Form von Beratung und welche Lernprozesse sinnvoll und nachhaltig sind. Zu diesem Zweck sollen im Rahmen der von Kleiner/Roth (2001) entwickelten *›Lerngeschichten‹ (learning histories)* gezeigt werden, wie nachhaltige Lernprozesse bei Kunden aussehen.

Wir erforschen im Moment am Beispiel der zwei von Peter Senge gegründeten Organisationen OLC (Organizational Learning Center am M.I.T.) und der Nachfolgeorganisation SoL (Society of Organizational Learning), wie Erfolgsfaktoren der Wissenserzeugung in Beratungs- und Forschungsunternehmen aussehen. Dies wird in unserem nächsten Buch *Transformationsprozesse in Organisationen* (Fatzer 2005) ausführlich dargestellt (s. a. Fatzer/Schoefer 2004).

Qualitätsentwicklung von Beratung und von Ausbildungsinstituten wird zu einem Kernthema

Die Unterscheidungen in Coaching, Supervision und OE werden immer weniger vorgenommen werden, stattdessen werden sie als Begleitung von Veränderungs- und Lernprozessen bei Personen, Teams und Systemen gesehen. Die Titel des ›Beraters‹ oder der ›Beraterin‹ sollten geschützt werden, wie dies z. B. *in der Schweiz der Berufsverband BSO im Moment initiiert.*

Das Beratungsfeld muss sich – ähnlich wie der Bereich der Unternehmensführung mit dem neuen Gebiet von Unternehmensethik oder »Corporate Governance« – mit der Frage befassen, was gute Beratung und gute Berater sind (dazu s.a. Fatzer/Rappe-Giesecke/Looss 1999). Es braucht bezogen auf Ausbildungsstätten eine Qualitätskontrolle, die frei ist von Verbandsinteressen oder wirtschaftlichen Verflechtungen, wie dies z. B. in einigen Berufsverbänden leider momentan der Fall ist. Die

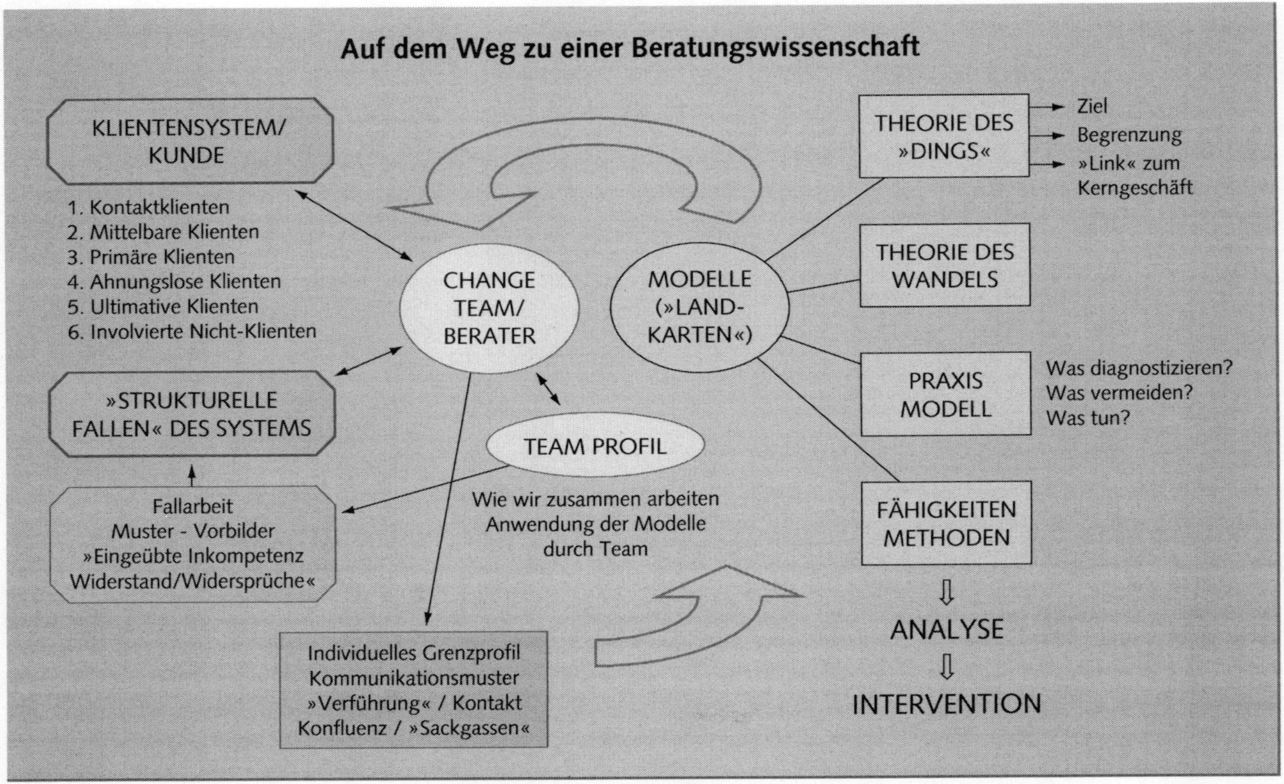

Abb. 6: Landkarte der Veränderung

© Kantor 1995 (dt. Übers. TRIAS 1996)

Grundlagen von Supervision, Coaching und OE sollten konzeptionell als Handwerk, Philosophie und Wissenschaft beschrieben sein, so wie dies in der »Landkarte der Beratung« unseres Mentors David Kantor, eines System- und Familientherapeuten aus Boston, der uns jahrelang begleitet hat, beschrieben ist (s. Abb. 6).

Die »Professional Community« der Berater wird organisiert sein in Lern-Netzwerken statt in ›politischen Berufsverbänden‹

Dies ist bereits im OE-Feld der Fall, z. B. in der Form des ›OE-Forums‹ in der Schweiz. Die Supervisoren sind allerdings aus den am Anfang beschriebenen Gründen noch immer berufspolitisch organisiert, was im Moment bis zur politischen Durchsetzung des Titelschutzes Sinn macht, aber langfristig nicht die geeignete Form ist. Es ist so allzu leicht, dass sich Verbandsfunktionäre die Infrastruktur und die Marktmacht eines Berufsverbandes aneignen und damit marktverzerrend auftreten. Dies ist z. B. bei der ›Agentur für Supervision‹ der Fall, wo eine GmbH gegründet wurde, bei der sich Funktionäre mit den Geldern der Vereinsmitglieder einen Wettbewerbsvorteil organisiert haben; eine Konstruktion, die in der Schweiz nicht akzeptiert würde. Dies würde auch dann nicht geschehen, sobald es zu netzwerkartigen Organisationen käme. Und als Letztes wird die Kundenperspektive durch die Einführung eines ständigen Dialogs mit Kunden eingebracht. Dies wird auch in diversen Konferenzen und Musterprojekten versucht. Es hat sich herausgestellt, dass die meisten Fachveranstaltungen noch immer zu sehr Zwiegespräche unter eingeweihten Fachkollegen darstellen. Kunden fühlen sich oft wenig angesprochen.

Veränderungen in den Beratungsanliegen und in den Organisationen

Eine Grundthese dieses Beitrags lautet, dass sich die Komplexität der Anliegen für Beratungen und die Komplexität des Organisationslebens generell erhöht haben. Ich zeige dies am Beispiel der Schulentwicklung auf. Gleichzeitig gibt es Trends oder Tendenzen von Kunden oder Auftraggebern, die diese Komplexitätszunahme reduzieren wollen und die massive Auswirkungen auf die Arbeit von Coaches, Supervisoren und OE-Beratern haben. Als ›Landkarte‹ oder ›mentales Modell‹ (im Sinne von Senge, s. Fatzer 1999b) benutzen wir das klassische systemische Modell der Organisationsveränderung (nach Schein 1987/88; Beckhard 1987). Diese Landkarte wurde durch einen der Begründer von OE als Quintessenz seiner Entwicklungsarbeit kreiert und hilft, die wichtigsten Fragen bei einer Beratungsanfrage zu stellen (s. Abb. 7).

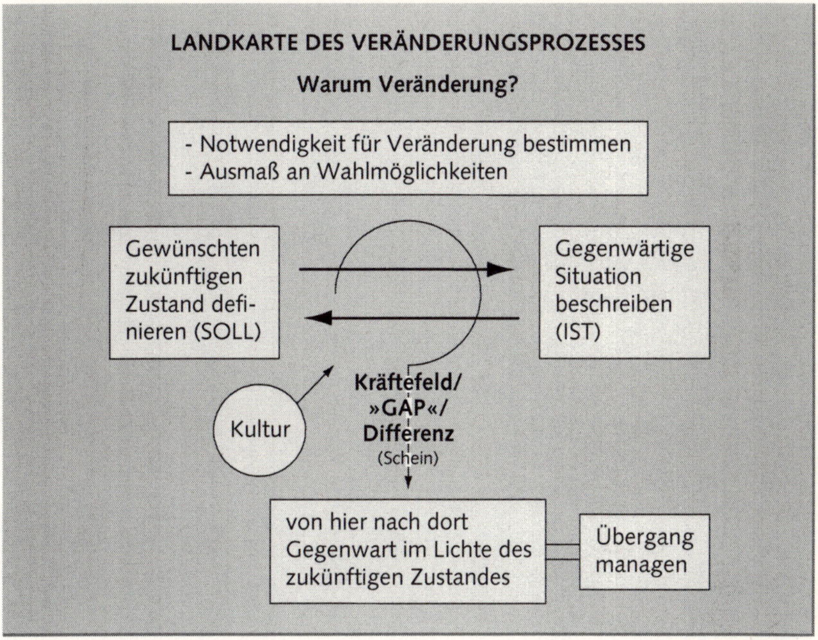

Abb. 7: Veränderungsprozesse in Organisationen *nach Beckhard 1987*

1. Was ist das so genannte »Business-Problem« oder »Präsentierproblem« (Fatzer 1990b)? Welches Problem möchte der Klient oder Kunde lösen? Worin besteht der Leidens- oder Veränderungsdruck?

2. Warum braucht man Veränderung oder Entwicklung? Braucht man überhaupt Beratung? In welcher Form (Supervision – Coaching – OE)?

3. Wer ist der Klient? (Ed Schein unterscheidet hier mindestens sechs Typen von Klienten oder Auftraggebern; Schein 2000)
4. Welches ist der Ist- oder Soll-Zustand des Systems? Das Wort »Zustand« suggeriert hier etwas Statisches, ist aber natürlich im Sinne von Lewins Feld- und Systemtheorie als »momentanes homöostatisches Fließ-Gleichgewicht des Systems« oder als Feld zu sehen.
5. Wie sieht der ›Gap‹ (oder ›Veränderungs-Graben‹) oder – systemisch gesprochen – die Differenz aus? Welches ist das ›Kräftefeld‹«?
6. Wie kann die ›Kultur‹ des Teams oder der Organisation beschrieben werden? Dieser Teil der Landkarte wurde durch Ed Schein ergänzt.

Wie sehen die unterschiedlichen Veränderungsanlässe in diversen Typen von Organisationen aus, in denen wir arbeiten? Ich möchte dies nicht anhand von Fallbeispielen präsentieren, sondern in Form von Trends oder Perspektiven andeuten. Diese Darstellung ist subjektiv durch unser Datenmaterial gefärbt und hat in seinen Schlussfolgerungen einen normativen Charakter. Ihre Einschätzungen und Erfahrungen mögen andere sein.

Veränderungsanlässe im System Schule: Von der Einzelsupervision zur Schulentwicklung

Bestand die Supervision in Schulen früher primär aus Einzelsupervision oder allenfalls Gruppensupervision einzelner Lehrer, die sich mit Unterrichtsproblemen, schwierigen Schülern, der Zusammenarbeit mit Eltern, der Humanisierung von Unterricht, der Einführung neuer didaktischer Methoden wie Projektunterricht u.a.m. befasste (in der Schweiz auch unter dem Namen »Praxisberatung«, vgl. Fatzer 1987; Fatzer/Jansen 1980), so ist heute klar, dass »die einzelne Schule die Einheit der Veränderung « darstellt und dass entsprechend schulhausbezogene Teamentwicklung oder Schulentwicklung angesagt ist (vgl. Fatzer 1987; Beucke-Galm/Fatzer/Rutrecht 1999; Schratz 1999; Fullan 1999; Dubs 1999; Strittmatter 1999a/b; Fatzer/Hinnen 1996; Beucke-Galm 1996). Wie sehen nun die Veränderungsanliegen für Supervisoren und OE-Berater in Schulen aus?

Aufgrund des steigenden Veränderungsdrucks auf Schulen sind diese z.B. in der Schweiz angehalten, sich in Richtung teilautonomer Schulen zu entwickeln. Dabei müssen via Entwicklung eines Leitbildes Visionen einer guten Schule erarbeitet werden. Dies geschieht in Form der Organisationsentwicklung der gesamten Schule, die durch eine Schulleitung und eine Projektsteuerungsgruppe erreicht wird. Von der Form her wird hier die »Projektarchitektur« einer »parallelen Lernstruktur« (Rani) installiert. Dubs (1999) gibt hierzu vier Bedingungen vor, nämlich dass

»(1) die Schulleitung den Prozess in zielstrebiger und die Lehrkräfte nicht überfordernder Weise in Gang hält (Leadership der Schulleitung), (2) im Lehrerkollegium eine Kultur der Offenheit, des Problembewusstseins und der guten Kooperation und Kommunikation besteht, (3) die einzelnen Lehrkräfte bereit sind, sich permanent weiterzubilden sowie (4) eine dauernde Bereitschaft zur Selbstevaluation gegeben ist« (1999, 302).

Interessant ist auch die Sichtweise von »Widerstand als Chance: Schulkultur versus Beratungskultur« (Albertin-Bünter 1999), nämlich dass die Grundannahmen, Werte und Normen sowie die mentalen Modelle zwischen Lehrern und Beratern grundverschieden sind und so eine interessante Perspektive im Umgang mit Widerstand ermöglichen. Für die Berater von Schulen oder für Schulentwickler bedeutet dies, dass zunehmend neben der Einzel- und Gruppensupervision die Begleitung ganzer Schulen als Veränderungseinheiten angesagt ist. Neben Prozessberatungs- und OE-Grundfähigkeiten verlangt dies auch Expertenwissen in Leitbildentwicklung, Führungskonzepten von Schulleitung, Qualitätssicherungsprozessen zur guten Schule (Fullan 1999) und Moderationsfähigkeiten von Großgruppenprozessen wie Open Space, Zukunftskonferenz und Real Time Strategic Change (Bunker/Alban 1997; Owen 1997, Weisbord 1992; Dannemiller 1994).

Literatur

ALBERTIN-BÜNTER, R. (1999) Schulkultur versus Beratungskultur: Widerstand als Chance. In: Beucke-Galm, M. / Fatzer, G. / Rutrecht, R. (Hg.): Schulentwicklung als Organisationsentwicklung (Trias-Kompass 2). Köln: EHP, 343–366

BECKHARD, R. (1987) Organizational transitions. Reading, MA: Addison-Wesley

BECKHARD, R. (1996) Changing the essence. San Francisco: Jossey Bass

BEUCKE-GALM, M. (1996) Kultureller Wandel in Schulen. In: Fatzer, G (Hg.): Organisationsentwicklung und Supervision. Erfolgsfaktoren bei Veränderungsprozessen (Trias-Kompass 1). Köln: EHP, 295-323

BEUCKE-GALM, M. / FATZER, G. / RUTRECHT, R. (Hg.) (1999) Schulentwicklung als Organisationsentwicklung (Trias-Kompass 2). Köln: EHP

BUNKER, B. / ALBAN, B. (1997) Large groups. San Francisco: Jossey Bass

DANNEMILLER, K. (1994) Real Time Strategic Change. Handbook for consultants. Ann Arbor

DUBS, R. (1999) Schulautonomie, Schulentwicklung und Schulaufsicht. In: Beucke-Galm, M. / Fatzer, G. / Rutrecht, R. (Hg.): Schulentwicklung als Organisationsentwicklung (Trias-Kompass 2). Köln: EHP, 299-317

ECK, C. D. (1990) Rollencoaching als Supervision. In: Fatzer, G. (Hg.): Supervision und Beratung. 11. Aufl. Köln 2005: EHP, 209-247

EDMONSON, A. (2012) Teaming. San Francisco: Jossey Bass

FATZER, G. (1987) Ganzheitliches Lernen. 5. neu bearb. Aufl. Paderborn 1998: Junfermann

FATZER, G. (Hg.) (1990a) Supervision und Beratung. 11. Aufl. Köln 2005: EHP

FATZER, G. (Hg.) (1993) Organisationsentwicklung für die Zukunft. 3. Aufl. Köln 2004: EHP

FATZER, G. (Hg.) (1996) Organisationsentwicklung und Supervision. Erfolgsfaktoren bei Veränderungsprozessen (Trias-Kompass 1). Köln: EHP

FATZER, G. (1999b) Unternehmens- und Organisationskultur als grundlegendes Konzept von Supervision und Organisationsentwicklung. In: Supervision, 35, 68-82

FATZER, G. (2005a) Gute Beratung von Organisationen. Auf dem Weg zu einer Beratungswissenschaft. Supervision und Beratung 2. Bergisch Gladbach: EHP

FATZER, G. (2005b) Transformationsprozesse in Organisationen: Nachhaltige Organisationsentwicklung (Trias-Kompass 4). Bergisch Gladbach: EHP

FATZER, G. / HINNEN, P. (1996) Supervision, Teamentwicklung und OE als Mittel der Lehrerfortbildung. In: Fatzer, G. (Hg.): Organisationsentwicklung und Supervision. Erfolgsfaktoren bei Veränderungsprozessen (Trias-Kompass 1). Köln: EHP, 325-338

FATZER, G. / JANSEN, H. H. (1980) Gruppe als Methode. Weinheim: Beltz

FATZER, G. / RAPPE-GIESECKE, K. / LOOSS, W. (1999) Qualität und Leistung von Beratung. 2. Aufl. Köln 2002: EHP

FATZER, G. / SCHOEFER, S. (2004) Wissensentwicklung und Wissensmanagement in Beratungsnetzwerken. In: Profile, 8·2004, 40-58

FULLAN, M. (1999) Die Schule als lernendes Unternehmen. Stuttgart: Klett-Cotta

HOFFER GITTELL, J. (2005) The southwest airlines way. New York: McGraw Hill

HOFFER GITTELL, J. (2009) High performance health care. New York McGraw Hill

KANTOR, D. (2012) Reading the Room. San Francisco: Jossey Bass

KLEINER, A. / ROTH, G. (2001) Lerngeschichten von Organisationen. Wie sich Erfahrungen in der Firma besser nutzen lassen. In *Profile* 1·2001, 91-98

LOOSS, W. (1999) Coaching – Qualitätsüberlegungen beim Einsatz von Coaching. In: Fatzer, G. / Rappe-Giesecke, K. / Looss, W.: Qualität und Leistung von Beratung. 2. Aufl. Köln 2002: EHP, 105-132

LOOSS, W. (2006) Unter vier Augen: Coaching für Manager. Korr. Neuausg. Bergisch Gladbach: EHP OWEN, H. (1992) Open space technology. 2. ed. Potomac 1997: Abbott

RAPPE-GIESECKE, K. (1994) Supervision. 2. Aufl. Berlin: Springer

RAPPE-GIESECKE, K. (1996) Der Abschied von den eindimensionalen Modellen. Über das Verhältnis von Supervision und Organisationsentwicklung. In: Fatzer, G. (Hg.): Organisationsentwicklung und Supervision. Erfolgsfaktoren bei Veränderungsprozessen (Trias-Kompass 1). Köln: EHP, 45-62

RAPPE-GIESECKE, K. (1999) Supervision – Veränderung durch soziale Selbstreflexion. In: Fatzer, G. / Rappe-Giesecke, K. / Looss, W.: Qualität und Leistung von Beratung. 2. Aufl. Köln 2002: EHP, 27-103

RAPPE-GIESECKE, K. (2003) Supervision für Gruppen und Teams. 3. Aufl. Berlin u.a.: Springer

SCHEIN, E. (1987/88) Process consultation. Vol. 1.2. Reading: Add. Wesley

SCHEIN, E. (1990) Organisationsberatung. In: Fatzer, G. (Hg.): Supervision und Beratung. 11. Aufl. Köln 2005: EHP, 409-419 (orig. 1985)

SCHEIN, E. (1992) Karriereanker. Darmstadt u.a.: Lanzenberger Looss Stadelmann

SCHEIN, E. (1993) Informationstechnologie und Management – passen sie zusammen. In: Fatzer, G. (Hg.): Organisationsentwicklung für die Zukunft. 3. Aufl. Köln 2004: EHP, 41-58

SCHEIN, E. (1994) Überleben im Wandel. Darmstadt u.a.: Lanzenberger Looss Stadelmann

SCHEIN, E. (1998) Organisationsentwicklung und die Organisation der Zukunft. In: *Organisationsentwicklung*, (3)

SCHEIN, E. (2000) Prozessberatung für die Organisation der Zukunft. 2. Aufl. Köln 2003: EHP (orig.: Process consultation revisited, Reading, MA: Addison-Wesley 1999)

SCHEIN, E. (2003) Organisationskultur. Bergisch Gladbach: EHP (orig.: Corporate Culture Survival Guide, San Francisco: Jossey Bass 1999)

SCHEIN, E. (2012) Autobiographie. unv.

SCHRATZ, M. (1999) Schulentwicklung im Bereich Leiten und Aufsicht. In: Beucke-Galm, M. / Fatzer, G. / Rutrecht, R. (Hg.): Schulentwicklung als Organisationsentwicklung (Trias-Kompass 2). Köln: EHP, 489-510

SENGE, P. (1996) Die Fünfte Disziplin. Stuttgart: Klett Cotta

SENGE, P. u.a. (1996) Fieldbook zur fünften Disziplin. Stuttgart: Klett Cotta

Supervision 30.1996 – Themennummer »Corporate Identity«. Hg. K. Rappe-Giesecke

Supervision 34.1998 – Themennummer »Marketing für Supervision«

STRITTMATTER, A. (1999a) Bedingungen für die Aufnahme von Neuerungen an Schulen. In: Beucke-Galm, M./Fatzer, G./Rutrecht, R. (Hg.): Schulentwicklung als Organisationsentwicklung (Trias-Kompass 2). Köln: EHP, 319-328

STRITTMATTER, A. (1999b) Qualitätsevaluation in der ›Schulszene Schweiz. In: Beucke-Galm, M. / Fatzer, G. / Rutrecht, R. (Hg.): Schulentwicklung als Organisationsentwicklung (Trias-Kompass 2). Köln: EHP, 329-342

WEISBORD, M. (1992) Future conference. San Francisco: Berrett Koehler

Nachhaltige Transformation für die Organisation

Sabina Schoefer

Wir sind – also ist Zukunft: Preferred Futuring als Ansatz der Transformation

Dieser Beitrag kritisiert die üblichen Change-Prozessen zugrunde liegende Denktradition im so genannten Wahrheitsmodus, die eine wirksame und ertragreiche Zukunftsgestaltung in Organisationen fordert und gleichzeitig verhindert. Über eine Differenzierung von Change und Transformationen in Organisationen wird der Versuch unternommen, die Aufmerksamkeit auf die Dimension Zukunftsfähigkeit von Organisationen zu lenken. Mit der vorgeschlagenen Definition von Change und Transformation können die unterschiedlichen Dimensionen genauer ausgelotet werden, um die ethische Verantwortung der Zunft der Consultants in der Beratung von Organisationen, Unternehmen, Institutionen und Menschen im Sinne von Zukunftsfähigkeit wahrzunehmen. Das Transformationswerkzeug Preferred Futuring illustriert im Weiteren, welche Elemente in zu entwickelnden Methoden für Transformationsprozesse in Organisationen enthalten sein müssen, um zu verhindern, dass Systemelemente in der Transformation abgekoppelt werden, und um diese zu überbrücken.

I. Eine Anmaßung

Beim Schreiben dieses Beitrages stand ständig der Gedanke im Vordergrund, dass es eine Anmaßung sei, eine *Methode* ausgerechnet für Transformationsprozesse in und von Organisationen zu beschreiben. Dabei scheint doch zuerst einmal nichts dagegen zu sprechen, meint doch Transformation nichts anderes als Umwandlung, Umformung oder Umgestaltung, und ist in Physik, Mathematik, Medizin, Psychologie oder Biochemie Alltag – warum nicht auch in Organisationen?

Dazu ist zuerst ein Schritt zurück notwendig. Vor fünfzehn Jahren sprach man von Transformationsprozessen im politisch-gesellschaftlichen Kontext und meinte Umwälzungsprozesse ganzer Staaten in größerem Stil, etwa die Transformationsprozesse der ehemaligen Länder im Ostblock.

In der Organisations-, Unternehmens- und Managementlehre machte in der gleichen Zeit der Begriff des Change-Prozesses die Runde. Hier ist es inzwischen ruhig geworden, Veränderung und Wandlung sind im Alltag fest etabliert. Jede noch so kleine Organisation stellt in ihrer Selbstdarstellung laufende oder erfolgreich abgeschlossene Change-Prozesse vor. Das Handwerkszeug ›Change‹ ist von den Beratern längst auf die Mitglieder der Organisation übergegangen.

Im Gespräch darüber ist von Managern, Mitarbeitern und Beratern sowie einigen mutigen Autoren[1] zu vernehmen, dass sie nicht so weit kommen wie erhofft. »Wir haben da mal ein Change-Projekt aufgelegt« ist ein häufiger Satz, der stolz klingt und gleichzeitig einen ratlosen und zweifelnden Unterton beinhaltet. Das bringt weiter zum Nachdenken. Wo endet Change und ab wann haben wir es mit Transformation zu tun? Was ist überhaupt ein Transformationsprozess und worin unterscheidet er sich vom gängigen Modell eines Change-Prozesses?

II. Denk-Geschichten

Ein Blick in die Praxis zeigt, dass der Großteil der Change- oder gar Transformationsprozesse in Organisationen bestrebt ist, operationalisierbare Ansätze zu entwerfen. Die Modelle sind prozessual und in längeren Zeiteinheiten angelegt, sodass Veränderungen für nachhaltige Lebens- und Wirtschaftsformen langfristig integriert werden können. Dennoch gibt es Übereinstimmung darüber, dass Orientierung gebraucht wird und eine kulturelle Praxis gefunden werden muss: so etwas wie Sinn-Stiftung. Wir sind jedoch mit einer Transformationspraxis in Organisationen konfrontiert, die in gleichem Atemzuge verändert *und* desorientiert.

Das hat seinen Ursprung in verschiedenen Denktraditionen. Bis heute ist, mit Max Weber gesprochen, die Ausdifferenzierung der (wirtschaftlichen bzw. organisationalen) Teilsysteme der vorherrschende Blickwinkel. Gesellschaftliche wie wirtschaftliche Systeme wurden und werden ausdifferenziert. Sie entwickeln sich zu eigenständigen Systemen, die spezifische Funktionsmodi ausbildeten (Weber 1972; Habermas 1987). Aber sind sie ins Ganze integriert?

Fällt nämlich die Integration weg, so führt dies zur Zersplitterung oder, im Fachjargon gesprochen, zur so genannten Dissoziation: Die verschiedenen Teilsysteme lassen sich nicht mehr zusammenfügen, sie streben auseinander, statt sich zu integrieren. Daraus ergeben sich Zersplitterung und Entfremdung oder Zerstörung. Wir befinden uns mitten im Dilemma, den Wandel zu gestalten. Wachstum ist unumkehrbar (s.a. Luhmann 1991, Habermas 1971). Oder im Sinne von Erwin Laszlo: Stehen wir auf der Schwelle zu zwei Entwicklungssträngen, haben wir nur zwei Möglichkeiten (Laszlo 2003).

Wandel läuft zudem ab bei vollem, *nicht* abgefragtem Bewusstsein. In der Philosophie meint Bewusstsein die drei Wertsphären – das Ich, das Wir und das Es, die gestaltend und schöpferisch in alle Bereiche des Lebens einwirken und damit in alle Veränderungsprozesse hineinreichen. Sie sind in den drei Geltungsansprüchen der subjektiven Wahrhaftigkeit (Ich), der intersubjektiven Richtigkeit (Wir) sowie der objektiven Wahrheit (Es) von Habermas zu finden. Wir finden die Begriffen wieder in der von Kant postulierten Trias: Kritik der Urteilskraft (Ästhetisches Urteil), Kritik der praktischen Vernunft (Ethik) sowie Kritik der reinen Vernunft (objektive Wissenschaft); oder in der Antike finden wir sie als das Schöne, das Gute und das Wahre. Diese Wertsphären bilden das Fundament schöpferischen Handelns von Menschen.

Der Change- oder Transformationsalltag findet im eher wissenschaftlichen bzw. Wahrheits-Modus statt. Methoden, Vorgehensweisen, Prozesse sind so ausgeklügelt entwickelt, dass sie den empirischen (Erfolgs- oder Misserfolgs-) Nachweis erbringen, ohne die eingangs erwähnten ratlosen oder zweifelnden Untertöne mit Folgen für die zukünftige Praxis wahrzunehmen, einzubeziehen oder gar zu entwickeln. Die fehlenden Grundsteine lassen das zukünftige Fundament bröckeln. Oder anders herum: Das Ich und das Wir, der subjektive und innere Bereich der Menschen in Organisationen ist verflacht in äußeren und empirischen Prozessen (Wilber 1998).

Zukunft oder die Suche nach neuen Gestaltungsformen von und in Organisationen muss die *intuitive* Suche aktiv einbinden. Das innere Potenzial der sozialen Systeme, die subjektive und intersubjektive Sphäre, der Bereich der Ich- und der Wir-Sprache sind die Transformationsressource, weil eigene und gemeinsame Orientierung die Voraussetzung ist, sich auf Chaos oder zeitweilige Desorientierung einzulassen. Von hier lässt sich die vermisste Balance herbeiführen. Dafür muss jedoch ein Raum eröffnet oder wieder entdeckt werden, eine Art »Seelenschutzgebiet« (Seitz-Weinzierl 1995) oder »Aufwachraum« (Scharmer)[2], durch den erst die Einsicht wachsen kann, dass manch kreativer Verzicht auf die heutigen Wachstumsinsignien von und in Organisationen nicht harten Entbehrungen gleichkommt, sondern das eigene (Organisations-) Wohl und das der nachkommenden Generationen von Organisationen meint (s. Krings 1999).

Der Stand der Dinge ist uneindeutig. Organisationen betreiben weiterhin Change-Prozesse, die sich bruchstückhaft in der Tradition des quantitativen Wachstums befinden. Bruchstückhaft deshalb, weil sich niemand den Entwicklungen entziehen kann. Wir sind in der westlichen Welt mit Problemen der Überalterung, schrumpfenden Generationen, sterbenden Branchen, sinkender Inlandsnachfrage, begrenzten Arbeitsmärkten konfrontiert und erleben die ersten Ausläufer von bisher unbekannten Schrumpfungsprozessen.[3] Das zieht eine Polarisierung nach sich: Alte und Junge, arm und reich, Arbeit oder Arbeitslosigkeit, wachsende oder untergehende Unternehmen, Bleiben oder Auslagern, stabile oder aussterbende Regionen. Demgegenüber bleibt das altbekannte Wachstum erhalten, nur eben verschoben in den asiatischen Raum und gegen Osten. Viele Organisationen sind darüber erleichtert, es gibt sie also doch, die Wachstumsprozesse. Dies ist auch angemessen. Nur ist auffällig, dass diese Prozesse intern und extern mit den herkömmlichen Werkzeugen erreicht werden und einseitig auf Überleben und mindestens quantitatives Wachstum ausgerichtet sind. Sie sind abgekoppelt vom Sein. Es fehlt das Innehalten im rasanten Entwicklungstempo. Die üblichen Werkzeuge, Instrumente, Methoden passen nicht mehr ganz zu dem, was sie bearbeiten sollen. Das führt auf waghalsige Beraterwege und in noch waghalsigere Organisationsrealitäten.

IV. Differenzierung

Es ist an der Zeit zu differenzieren und damit eine Unterscheidung zwischen Change und Transformation in Organisationen zu wagen, weil Nachdenken, Suchen und Entwickeln für taugliche Transformationsberatung notwendig in Gang zu setzen ist.

Ein Vorschlag für die Differenzierung von Change und Transformation:

> **Change** bzw. Changemanagement in Organisationen ist die Begleitung und Unterstützung von Wandlung oder Veränderung von Menschen und/oder Organisationen und ist auf Wachstum ausgerichtet.
>
> **Transformation** in Organisationen ist die Überführung und Wandlung sozialer Systeme in einen geänderten zukunftsfähigen organisationalen Kontext und ist auf die Zukunftsfähigkeit ausgerichtet. Überführung bzw. Wandel sozialer Systeme ist dabei proportional abhängig von der Zukunftsfähigkeit der Organisation. Zukunftsfähig meint in diesem Kontext die dauerhafte Sicherung der Grundbedürfnisse kommender Generationen, die *nicht nur* auf *ausschließlich* quantitatives Wachstum ausgerichtet ist, sondern auch die *Bereitschaft* zur Selbstbegrenzung der gegenwärtigen Generation beinhaltet (Brand 1997,13).

Die Zunft der Berater hat mit ihrem Beruf eine ethische Verantwortung übernommen, Organisationen, Unternehmen, Institutionen und Menschen bei ihren Entwicklungen zu unterstützen. Mit der vorgeschlagenen Differenzierung von Change und Transformation können die unterschiedlichen Dimensionen genauer ausgelotet werden. Allerdings bedeutet das auch, dass vor allem für den letzteren Part sozusagen als ›Instrumentenbauer‹ wieder in die Lehre zu gehen ist.

V. Transformationsinstrument Preferred Futuring

Seelenschutzgebiet, Aufwachraum, Instrumente bauen – Es gibt bereits einige Ansätze, von denen wir in Hinblick auf Transformation lernen und mit denen wir vor allem aktiv gestalten können: Dialog (Isaacs 2002), Presence (Senge/Scharmer/Jaworski/Flowers 2004), Macroshift (Laszlo 2003). Von dort aus werden Transformationen gedacht. Auch theoretische Grundkonzeptionen sind vorhanden, wie beispielsweise das »Praxis-Pentagon des organisationalen Lernens« (Käufer/Scharmer/Versteegen 2002). Was fehlt, sind angemessene pragmatische Methoden, die im Sein ansetzen und Transformation und Zukunft so konkret wie möglich erlebbar machen, damit die Umsetzung nicht auf den langen Gängen der Organisation stecken bleibt; denn von dort aus gesehen ist die Zeit leider knapp.

Eine hilfreiche Transformationsmethode – Preferred Futuring – soll hier vorgestellt werden. Preferred Futuring (PF) ist ein konsequentes Instrument, dem eine Umwandlung vom ›Veränderungsdruck‹ zum ›Transformationssog‹ in eine durchdachte Zukunft gelingt. Das mag daran liegen, dass in ihm 30 Jahre Forschung, Erfahrung und Entwicklung stecken. Bereits in den Sechzigerjahren entdeckte Ron Lippitt, dass es wichtiger ist, sich durch Einbezug der Zukunft Inspiration und Energie zu verschaffen und einen Sog zu erzeugen, anstatt von Problemen erdrückt zu werden und Druck zu erzeugen; dass »preferring« wichtiger als »predicting« ist, um kreative Energie zu schaffen (s.a. *Profile* 3.2002; 5.2003). Sein Sohn Lawrence L. Lippitt entwickelte und vervollständigte die Arbeit zur Methode PF weiter und bettete die einzelnen Erkenntnisse in eine Architektur der Whole Scale Großgruppenmethode[4] ein, die er permanent nachjustierte.

Die einzelnen Schritte sind ein gewaltiger Prozess und stellen ein ausgeklügeltes Werkzeug dar, indem sie konsequent das gewohnte Muster der Problemlisten, des Identifizierens von Schlüsselproblemen, der Priorisierung der Problemlisten usw. unterlaufen. Sie stoppen lineares Denken, um die nötige Veränderungsenergie zu bündeln.

Diesem Vorgehen liegt das theoretische Quantum-Modell zugrunde (L. Lippitt 1998, 197). Es richtet die Transformation ›auf die Seele‹ oder den angemessenen Level von Heilung und Veränderung aus. Von jedem Punkt der eigenen Realität können wir zurückschauen. Dort finden wir eine Reihe von Ereignissen, die uns zu diesem Punkt gebracht haben. Menschen glauben meist, dass die nächste logische Zukunft in der Wahl von »e« besteht. »Es ist bisher in diesem Weg gelaufen, so wird es auch in der Zukunft sein.« Diese Tradition des Denkens nennt Lippitt das Newton-Modell.

Das Quantum-Modell hingegen vertritt die Annahme, dass wir in jedem gegenwärtigen Zeitpunkt von der potenziellen Zukunft »e« zu einer anderen potenziellen Zukunft gehen können, beispielsweise zu »b«. Oder wir kommen über »a« zu »d« oder »f«.

Lippitt betont, dass beide Prinzipien möglich sind. Es stellt sich hierbei nicht die Frage, welches richtig ist. Die Frage ist vielmehr, welches angesichts der Entwicklungen das brauchbare Prinzip ist, um Realität bzw. Zukunft zu gestalten. So gefragt, ist es das Quantum-Modell, das in der Erfahrung der Lippitts mehr Durchbrüche oder Transformationsergebnisse bringt und schneller ist. Auf der anderen Seite verlangt es zu lernen, dass die Wahl »b« eine andere ist als die lineare Wahl »e«.

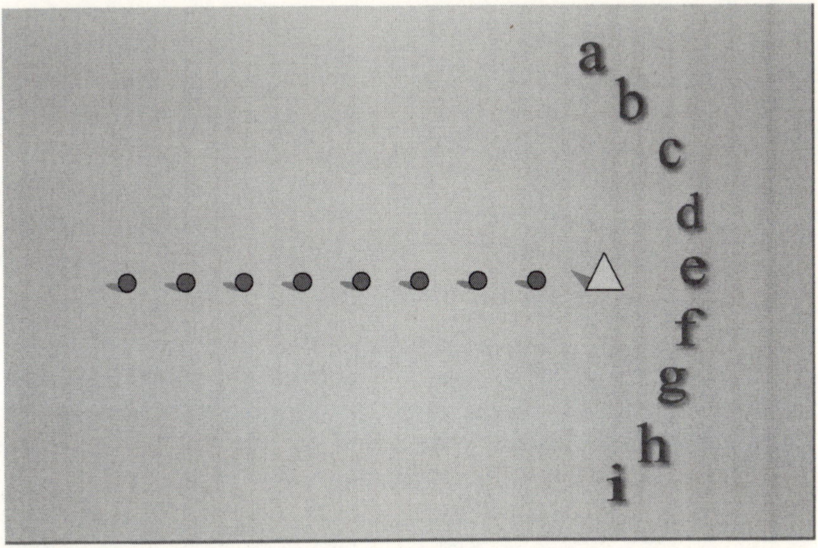

Abb. 1: Das Quantum-Modell (nach L. Lippitt 1998)

»This is what I call the Quantum Choice Point where we can let go the past and operate from imagination and not memory. Operate from our Preferred future and not our fears or worries or disappointments.« (Lippitt 2000, 197)

Gemeinsam die Gegenwart loslassen

Joana Krizantis beschreibt in diesem Band, was es heißt, überlebte Situationen loszulassen bzw. vom Ende zum Anfang zu gelangen und wie es ist, die eigene Zukunft zu sehen und genau zu erkennen, wovon es sich zu verabschieden lohnt. Auch Lippitt arbeitet mit dem Transition-Modell von Bridges (Lippitt 1998, 154). PF verarbeitet das Wissen, dass Menschen – obwohl sie ihre Zukunft gestalten wollen – ihrem eigenen Widerstand ins Antlitz schauen. Kraftlosigkeit, Stress, Konfusion, Orientierungslosigkeit, Unverbundenheit, Sich-in-Frage-Stellen, diffuse Ängste angesichts der sichtbar nötigen Veränderung verführen dazu, doch wieder ins Altbewährte zu verfallen. Für eine gewählte Zukunft scheint keine Kraft mehr da zu sein. Die Zukunft wird sozusagen in alte Kleider gesteckt: Das sind die Situationen, in denen wir zuweilen aberwitzigen und scheinbar hieb- und stichfesten Erklärungen begegnen, wieso angesichts völlig neuer Herausforderungen mit sichtbar überholten Instrumenten gearbeitet wird.

Lawrence L. Lippitt arbeitet in seinem PF-Prozess in sieben aufeinander aufbauenden Schritten – diese müssen konsequent eingehalten werden –, um geschickte Aktionen in der Organisation zu etablieren. Sie ermöglichen wiederum Schritt für Schritt Transformation der gesamten Organisation bzw. eines Systems. Einen Überblick gibt die Darstellung in Abbildung 2.

Die ersten vier Schritte (Geschichte, heutige Situation, Werte und Überzeugungen, Ereignisse, Entwicklungen, Trends) von PF unterstützen die Teilnehmer, *gemeinsam* die Enden loszulassen und über die »Transition Zone« (Lippitt 1998, 154) zu den Neuanfängen aufzubrechen. Gleichzeitig sind sie für die Teilnehmer zunächst eine kleine Zumutung, ahnen diese doch das übliche Ist-Soll-Vorgehen oder die Priorisierung von Stärken und Schwächen. Genau das geschieht nicht. Die ersten vier Schritte fokussieren auf Ganzheitlichkeit und damit Heilung des Gemeinsamen

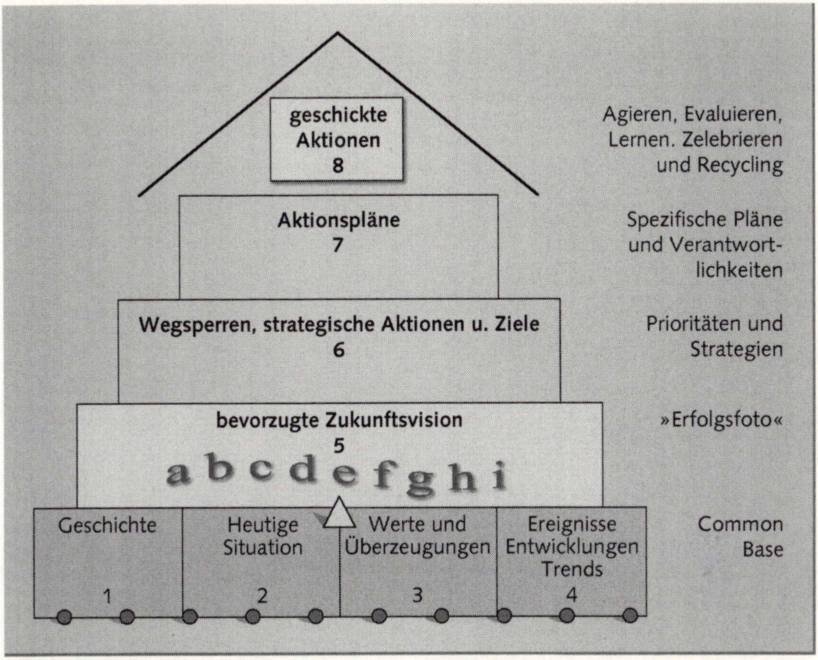

Abb. 2: Acht Schritte im Preferred Futuring (nach L. Lippitt 2000; Übers. Schoefer)

und kreieren durch die so geschaffene »Common Base« eine besonders starke Energie.

> »[H]ealing is necessary as a part of change and transformation in systems: the prevalence of resistance and the effect of healing.« (Lippitt 1998, 203)[5]

Menschen haben das Bedürfnis nach Ganzheitlichkeit. Von hier aus ›geschieht‹ die Transformation:

Step 1. Geschichte

Mit der einfachen Frage »Wie sind wir von gestern zu heute gekommen?« tritt für die Teilnehmer Erstaunliches zutage. Oft haben Führung, Management oder Mitarbeiter vergessen, welche Geschichte sie gemeinsam haben und wie sie trotz Widrigkeiten zu unterschiedlichen Eintrittszeiten ihre Leistungen vollbracht haben. Meist sind sie fokussiert auf das nicht Machbare oder Misslungene oder haben Angst vor der Zukunft. Der Spaziergang durch die Geschichte ist bei PF stringent geführt und kurz. Es bringt tiefes Staunen hervor, was die Organisation in ihren Veränderungen so alles hervorgebracht hat. Es werden verlorene Fäden gesichtet, die zerrissene Strukturen oder Abgekoppeltsein ganzer Bereiche und Menschen erklären. Mit der gemeinsamen Geschichte ist das innere Verstehen gewachsen, dass *alle* in einem Boot sitzen und Verantwortung übernehmen wollen.

Step 2. Heutige Situation

Die Fragen »Worauf sind wir stolz? Was finden wir schade?« bzw. die Erhebung der »Prouds« und »Sorries« im gemeinsamen Handeln kreieren absolute Irritation gepaart mit amüsierter Wachheit. Hier spätestens ist die dreißigjährige Erfahrung der Methode praktisch erfahrbar. Unterschiedliche Mitglieder aus verschiedenen Bereichen einer Organisation sind es kaum gewöhnt *gemeinsam* stolz zu sein. Die Methode untergräbt so das Jammern, mit dem man sich üblicherweise gegenseitig zu beeindrucken versucht. Mit Stolz lässt sich hier leicht und gestochen scharf auf das blicken, was man lieber anders machen würde, worauf man weniger stolz ist oder gegenwärtig bedauert. Das Begreifen oder Lernen kommt in Bewegung, dass der Einzelne mehr mit dem Ganzen der Organisation verbunden ist, als das je sicht- oder fühlbar war.[6] Die (Veränderungs-) Energie bündelt und verändert sich: Obwohl alle mitten in der »Transition Zone« sind, wächst so etwas wie Zuversicht, dass man es doch miteinander schaffen könnte, dass man die Zukunft gemeinsam angehen kann.

Step 3. Werte und Anschauungen

Was sonst Jahre an Vertrauen in einer Organisation benötigt, nämlich sich gegenseitig über die eigenen Werte auszutauschen, sich zu unterhalten, wie oft gegen die Werte gehandelt wird, geschieht im dritten Schritt nicht selten in fünfzehn Minuten. Vorschläge zum konkreten Vorgehen finden sich in den Beiträgen im vorliegenden Band. Spätestens hier tritt beim Arbeiten mit der Methode PF auch Nicht-Naturwissenschaftlern der Energieerhaltungssatz der Thermodynamik deutlich vor Augen: Einerseits hat für die Teilnehmer eine Entschleunigung stattgefunden, während andererseits die Konzentration sichtbar beschleunigt. Zudem entsteht eine Atmosphäre von Respekt, Achtsamkeit und Reichtum. Das haben unterschiedliche Mitglieder einer Organisation noch nie zusammen erlebt.

Step 4. Trends, Entwicklungen, Ereignisse

Der vierte Schritt leitet diese Energieumwandlung konsequent weiter und ist gleichzeitig der Übergang »von den Enden zu den Neuanfängen« und eine energetische Ermunterung, die »Transition Zone« zu betreten. Eine mehrere Wände umfassende Mindmap (Environmental Scan[7]) ist zu erstellen mit der Frage im Zentrum: »Was sind die Entwicklungen, Trends, Entwicklungen in unserem Umfeld, die wir für die Zukunft berücksichtigen müssen?« Das Quantum-Modell kommt nun deutlich zur Anwendung, indem der Blick auf das Ganze, der Blick über den Tellerrand der Organisation gerichtet wird.

> »Scanning is a different activity from typical data gathering. It involves a survey of personal, subjective experiences as well as expert, objektive data. It includes getting small, focused, easily digestible bits of information representing events, trends or developments – things that are just coming over the horizon, such as developments in technology, marketplaces changes, legislation or regulation changes, recent company policy decisions, societal or global trends.« (Lippitt 1998, 61)

In kurzer Zeit entsteht mit Hilfe der beschleunigten Konzentration der Beteiligten ein verdichteter Scan der absehbaren Entwicklungen und schafft damit eine große Bandbreite der zu gestaltenden Zukunft. Vor allem formt sich *Handlungsenergie*, sozusagen eine Beschleunigung von Wachheit gepaart mit Handlungslust. Der ehemalige Handlungsdruck wird zu einem *Sog in die Zukunft*, der dem ursprünglichen Entschluss »Wir müssen etwas ändern« längst entwachsen ist.

Das Ich und das Wir können jetzt aus einem inneren Zentrum ganz anders nach außen blicken. Die Welt mit ihren absehbaren Entwicklungen ist im Raum, das Ich, das Wir, das Es sind integriert und niemand muss die Augen verschließen oder Angst vor der *Gestaltung* haben, wenn es an die Zukunft geht. Dieses Fundament der schöpferischen Handlungsfähigkeit von Menschen ist für Lippitt die Common Base. Sie ist fest genug, um sich Zukunftsvisionen zuzuwenden und dann auszuwählen, welche es braucht. Für Teilnehmer bedeutet dies, in Wachheit einen Sog in die eigene Zukunft zu erleben.

Zukunft wünschen – Taking the Trip

Step 5. Bevorzugte Zukunftsvision

Die Frage »Welche Zukunft bevorzuge Ich?« verändert den Blick, transformiert ihn emotional und erweitert das Gesichtsfeld.

> »If we develop a preferred future before we plan, there is a greater chance of getting the future we want and operating as a whole system. There is a greater chance of avoiding fragmentation, suboptimization, drifting and loss of energy. [...] Through the preferred Futuring process, people learn to believe in their hearts and souls that all of us benefit by projecting and assessing the future we collectively want, and by working together to create it.« (Lippitt, 1998, 68)

Dabei lässt sich mit einem Trick à la Lippitt erleben, was gemeint ist. Wenn die Teilnehmer gebeten werden, drei, fünf oder zehn Jahre vorwärts zu schauen und danach 15, 25, 35, 45, ist jedes Mal zu erleben, dass sie für den kurzen Zeitraum zu viele von ihren »endings« mit in ihre Vision nehmen. Sie berichten von unangenehmen Gefühlen wie Druck oder Versagensängsten. Spazieren sie weiter in die größeren Zeiträume, berichten sie, dass sie Gefühle von Zuversicht, Gelassenheit und absoluter Sicherheit gegenüber ihrer Zukunftsvision entwickeln.[8] Die Spannung nimmt mit der Größe der Zeitschritte ab und die Genauigkeit der Vision zu. Der vormalige Veränderungs- bzw. Transformationsdruck geht weiter in den Transformationssog über.

Step 6. Wegsperren, strategische Aktionen und Ziele

Dieser Sog ist auch nötig, damit die Energie für die Umsetzungsschritte nicht versackt. In der Dramaturgie der Methode PF ist die Handlungsenergie durch den Sog so gebündelt, dass die Teilnehmer in Wachheit und Neugierde jede ihrer Visionen auf Machbarkeit, Handlungsoption, Umsetzbarkeit, Hindernisse, Messbarkeit prüfen. »Jetzt will ich es wissen« wäre die Übersetzung der Stimmung. Es ist Zuversicht und Gewissheit im Raum, trotz oder gerade wegen der ein weiser Rat von Lippitt zu beachten ist: akribisches und sorgsames Arbeiten.

> »Be sure to pay close attention to and provide quality time for translating the Preferred Futuring vision into action goals and than action plans«. (Lippitt 1998, 77)

Die einzelnen Pläne werden gegenseitig geprüft und verdichtet. Eine letzte Prüfung sind Priorisierungen. Zudem ist von jedem Teilnehmer eine einzelne Priorisierung hervorzuheben (»Star«): »Wenn wir das nicht machen/angehen, dann können wir das Ganze hier vergessen!«. Lippitt erreicht damit eine Genauigkeit in der Differenzierung, sodass Träume, Wünsche, Visionen und Zukunft als unterschiedliche Schärfen oder Stufen wahrgenommen und voneinander unterschieden werden. Eine wesentliche Voraussetzung ist die Schärfe der Visionen, um tatsächlich zu transformieren.

Step 7. Aktionsziele

Oft sind die Teilnehmer daran gewöhnt, hier schon nicht mehr weiter zu arbeiten. »Wir wussten gar nicht, dass Zukunft so genau sein kann.« Aber wie das in die Hand nehmen, wovon wir überzeugt sind, dass es getan werden will? Es gilt die Lücke zu schließen. Motiviert, energetisiert und optimistisch die eigenen »New Beginnings« anzugehen. Dafür nutzt die Methode PF zwei Schlüsselstrategien.

»There are two key strategies. First, engage in step-by-step structuring of the pathway to the future we want. Second, build in celebrations of small steps of progress along the way. Both these steps are incorporated into the Plan for Action.« (Lippitt 1998, 82)

An dieser Stelle muss es zusätzlich Ermutigung geben, denn Widerstand oder Frustration sind neben Enthusiasmus oder Hoffnung das Kennzeichen, sich in der Zone der »New Beginnings« nach Bridges zu befinden. Reaktionen wie »Ich habe lieber Visionen und Träume, als dass ich diese in konkrete Schritte packe, das widerstrebt mir« sind das Zeichen, dass in der neu erlebten Situation Lernen gelernt sein will. Damit uns das gelingt, müssen wir von unserer Hemmung oder unserem Widerstand lernen und ihn als Ressource begreifen.

»View resistance as a resource; don't judge it negatively or see it as a block.« (Lippitt 1998, 82)

Diese Lernangst (Schein 2002) gilt es angemessen zu begleiten. Sie ist eine bereits begonnene Auseinandersetzung mit dem eigenen Widerstand in der gewählten Zukunft.

Step 8. Geschickte Aktionen

Hat vorher der Mikrokosmos als Stellvertretung einer Organisation im zweitägigen Preferred Futuring gearbeitet, gilt es von dort den Schritt in den Makrokosmos, in die Wirklichkeit der Organisation zu setzen. Es ist die Struktur zur Implementierung des Plans zu finden bzw. zu kreieren und ein permanentes Follow-up am Leben zu halten. Das muss nicht unbedingt ein erneuter Workshop sein, denn viele der üblichen Wege und Beratungsansätze sind dafür hilfreich. Entscheidend für Lippitts Methode ist es, die Organisation weiter in ihrer Transformation zu stützen. Das passiert in drei »general categories«:

»Assessing and documenting Progress
Spreading the Action Plan Through the System
Supporting the Work Teams.

As change agents (managers, leaders, trainer-developers), our great challenge is to reinforce in others a ›forward thinking‹ attitude. And we must contribute to collective imaginative excursions into desired futures, in a context of thinking and acting in a whole-systems support the proposed changes, a structure that helps institutionalize the new results or processes. Creating such a structure is, however, one of the most neglected parts of many change processes.« (Lippitt 1998, 99, 101)

Praxis

Wer kann entscheiden, ob es sich um Change oder Transformation handelt? Oder: Reicht bloßer Veränderungsdruck aus, um Preferred Futuring als Methode für einen ersten Workshop zu nutzen? »Wir wollen da mal ein Change-Projekt aufgelegen.« Und schon befinden wir uns wieder am Anfang. Wir sind – also ist Zukunft. Was braucht man für eine Transformation mit der Methode PF?

Sorgfältige Auftragsklärung

Der Erfahrung nach steht und fällt der Erfolg von PF mit einer extrem sorgfältigen Auftragsklärung. Entscheidend ist dabei, dass die interne und externe Beraterzunft die Methode kennt, weiß, dass es sie gibt, und mit den Kunden darüber nachdenkt und spricht und sich gemeinsam zum Für und Wider bekennt. Wenn es um Veränderung und Transformation geht, dann müssen die zu wählenden Methoden sowieso genau ausgelotet werden.

Bereitschaft des Sich-Einlassens

PF lässt den Mikrokosmos einer Organisation durch das »Nadelöhr« der Transformation (Käufer/Scharmer/Versteegen 2002) gehen und im Fühlen und Lernen der eigenen Widerstände Halt in der Methode erleben. Dafür ist oberstes Gebot, sich die Bereitschaft des Sich-Einlassens der Teilnehmenden bzw. der Process Owner einzuholen. Sonst ist es schade um jegliche beteiligte Ressource.

Die Methode trägt

Die Methode trägt, wenn die Entscheidung für eine Veränderung gefällt ist und noch keine feste Vision als ›Leidbild‹[9] durch die Organisation geistert. In diesem Fall gibt sie die absolut nötige Orientierung und Struktur und energetisiert sehr verlässlich zur Implementierung. Das ist das Erfolgsgeheimnis von PF nach mittlerweile dreißigjähriger Entwicklung und Fein-Tuning der Methode.

Energie halten können

Im Durchlauf der Schritte verändert sich exponential die Transformationsenergie. Es kann passieren, dass sich die Anwender der Methode von diesem Energiezuwachs überrollt fühlen oder Bedenken bekommen, ob sie als Leitung eines PF-Workshops diese Veränderungsenergie (aus-) halten können. Daher ist unbedingt die Vorerfahrung mit der Durchführung von Großgruppeninterventionen anzuraten.

Dokumentation

Der gesamte PF-Prozess generiert zudem überwältigend viele qualitative Daten. Es kann passieren, dass sich die Teilnehmer und die Leitung zwischenzeitlich fragen: »Wo soll das Ganze mit all den Daten nur hinführen?«. Hier gilt es unbeirrt weiter zu gehen und im Anschluss sorgfältig zu dokumentieren. Als Anwender erheben Sie quasi nebenbei eine nahezu komplette Learning History, deren Dokumentation und Zur-Verfügung-Stellen einen Schatz für die Organisation darstellt.

Lehrjahre

Für ›Transformateure‹ und mögliche Anwender von Preferred Futuring aber beginnen Lehrjahre. Wichtig ist darauf hinzuweisen, dass PF nicht nur ein weiteres Tool ist, das sich ›nebenbei mitnehmen‹ lässt. Die Methode und die mit ihrer Entwicklung über zwei Generationen Beschäftigten benötigten selbst einen Entwicklungszeitraum von mehr als 30 Jahren. Diese lange Zeit ist für die Kunden ein wertvolles Geschenk: eine zuverlässige, stringent-pragmatische Herangehensweise, Transformation zu gestalten und damit Erfolge zu erzielen, die Erfahrung braucht.

VI. Ausblick in die Zukunft

Was lässt sich nun im Hinblick auf die Entwicklung von Methoden oder Instrumenten für die Transformationsprozesse in Organisationen im Sinne der Definitionen von Change und Transformation ableiten?

Von der Methode Preferred Futuring ist zu lernen, welche Ebenen der Transformation in einer Organisation angesprochen werden müssen. Damit sind nicht die hierarchischen Ebenen gemeint, sondern die Kopplung der drei eingangs erwähnten Wertsphären einer Organisation quer durch ihre Ebenen.

Festzuhalten für Transformation von Organisationen sind die folgenden sieben Thesen:

1. Die Kopplung loser Systeme in einer Transformation scheint durch Integration dieser Wertsphären zu gelingen.
2. Es ist ein Kontakt zum »individuellen Nadelöhr« der einzelnen Organisationsmitglieder herzustellen und in den Transformationsprozess einzubeziehen.
3. Transformation ist abhängig vom energetischen Veränderungsfeld der Organisation. Jede Organisation hat ihr individuelles energetisches Veränderungsfeld. Für die Wahrnehmung dieser Transformationsindividualität gilt es Methoden sowohl für die intern Betroffenen als auch für externe Experten oder Berater zu entwickeln. Als Erklärungs- und Handlungsmodell können das Newtonsche versus das Quanten-Prinzip und das Prinzip des Energieerhaltungssatzes herangezogen und für soziale Systeme weiterentwickelt werden.
4. Um durch das »Nadelöhr« der Organisation in eine Transformation zu kommen, ist eine pragmatische Großgruppenmethode – eine Whole-Scale-Intervention, die mit einem Mikrokosmos der Organisation arbeitet – empfehlenswert. Das Risiko, dass ›der Atem ausgeht‹, wäre

sonst zu groß, bzw. der Überblick über die Teile ginge verloren und es käme zur Abkopplung der Wertsphären der Organisation.

5. Transformation gelingt besser, wenn lineares Denken konsequent unterbrochen und verhindert wird. Die Schritte 1 bis 4 (History; Prouds and Sorries; Values and Beliefs; Trends, Developments, Events) im PF-Prozess zeigen dabei, wie ein permanentes Refraiming auf dem Weg der Transformation in die Zukunft aussehen kann.

6. Erst anschließend ist genügend Kraft und Energie vorhanden, um Visionen zu entwickeln. Dabei ist eine Abgrenzung von der Dimension ›Wünsche und Träume‹ möglicherweise schmerzvoll aber unumgänglich.

7. Die dann entwickelte Vision gilt es stringent und in konkreten Schritten zu planen, auszuprobieren und zu evaluieren. Dies geschieht wirksam in einem stetigen Verflechten der drei Wertsphären (Integration) der Organisation mit ständiger Bewegung durch Zielfokussierung in den einzelnen Einheiten.

Anmerkungen

1. Siehe beispielsweise Schein 2005 oder Senge/Scharmer u.a. 2004
2. Scharmer spricht in seinem Ansatz »Presencing« in diesem Zusammenhang von »Aufwachräumen«, die es zu gestalten gilt (Seminar Trias in Boston, 2002).
3. Hier danke ich Franz Fleischlin, der diesen Begriff durch lebendige Diskussion in mein Sprachrepertoire geschleust hat.
4. Siehe Dannemiller/James 2002
5. In seinem Kapitel »The Spiritual Basis of Preferred Futuring« stellt Lippitt vier Prinzipien auf, die seiner Erfahrung nach bei Transformationen beachtet werden müssen. »Health means wholeness« ist eines davon.
6. Das zweite Prinzip »We are all connected«, hier angeschoben durch die Prouds und Sorries und dann weiter zu den Schritten 3 und 4, bringt die Teilnehmer Schritt für Schritt in lustvoll-lebendiges systemisches Denken.
7. Lippitt nennt diesen Schritt »Scanning the Horizon«.
8. L.L. Lippitt arbeitet sogar ausgehend vom Jahr 2500, ein Verfahren dass in Europa interessanterweise von den Teilnehmern nicht angenommen wird.
9. Ich meine hier tatsächlich das ›*Leid*bild‹ als Folge von durch die Organisation geisternden Leitbildern.

Literatur

BRAND, K.-W. (1997) Probleme und Potentiale einer Neubestimmung des Projekts der Moderne unter dem Leitbild »Nachhaltige Entwicklung«. In: Ders. (Hg.): Nachhaltige Entwicklung. Eine Herausforderung an die Soziologie. Opladen: Westdt. Verl., 9–32

DANNEMILLER, K. / JAMES, S. L. (2002) Innovation in Whole-Scale Change: Past, Present and Future. In: *Profile* 3, 18–27

HABERMAS, J. (1971) Kritische und konservative Aufgaben der Soziologie. In: Ders.: Theorie und Praxis. Sozialphilosophische Studien. Frankfurt/M.: Suhrkamp

HABERMAS, J. (1987) Theorie des kommunikativen Handelns. Frankfurt/M.: Suhrkamp

HABERMAS, J. (1988) Der philosophische Diskurs der Moderne. Frankfurt/M.: Suhrkamp

ISAACS, W. (2002) Dialog als Kunst gemeinsam zu denken. Die neue Kommunikationskultur in Organisationen. Köln: EHP. – orig.: Dialogue and the art of thinking together. New York/N.Y. u. a.: Currency 1999

KÄUFER, K. / SCHARMER, C. O. / VERSTEEGEN, U. (2002) Das Praxis-Pentagon des Organisationalen Lernens. In: *Profile* 3, 29–41

KRINGS, B. J. (1999) Esoterik und nachhaltige Lebensformen. In: *Wechselwirkung* 4, 18-27

LASZLO, E. (2003) Macroshift. San Francisco: Berrett-Koehler. – Dt.: Frankfurt/M.: Insel-Verl. 2003

LEARNING HISTORY FIELD MANUAL 10/28/96, Manuskript

LIPPITT, L. L. (1998) Preferred Futuring. Envision the future you want and unleash the energy to get there. San Francisco: Berrett-Koehler

LIPPITT, L. L. (2000) Future before you plan. Teilnehmerunterlagen Trias Boston. Zürich: Trias

LIPPITT, R. (2002) Future before you plan. In: *Profile* 3, 3–9

LUHMANN, N. (1991) Das Moderne der modernen Gesellschaft. In: Zapf, W. (Hg.): Die Modernisierung moderner Gesellschaften. Verhandlungen des 25. Deutschen Soziologentages in Frankfurt am Main 1990. Frankfurt/M.: Campus, 87–109

SCHEIN, E. / COUTU, D. L. (2002) The anxiety of learning. In: *Harvard Business Review* 3

SCHEIN, E (2005) Aufstieg und Fall von Digital Equipment Corporation. Eine Learning History, oder: DEC ist tot – lang lebe DEC. Bergisch Gladbach: EHP.

– Orig.: DEC is dead – long live DEC. San Francisco: Berrett-Koehler 2003

SEITZ-WEINZIERL, B. (1995) Glückliche Menschen machen weniger kaputt: Gedanken zum Sinn ökologischer Bildungsarbeit. In: Jahrbuch Ökologie 1995, 113–120

SENGE, P. / SCHARMER, C. O. / JAWORSKI, J. / FLOWERS, B. S. (2004) Presence. Human purpose and the field of the future. Cambridge/MA: SoL

WEBER, M. (1972) Wirtschaft und Gesellschaft. Tübingen: Mohr

WILBER, K. (1996) Eros, Kosmos, Logos. Frankfurt/M.: Krüger. – Orig.: Sex, ecology, spitirality. Bostan u. a.: Shambhala 1995

WILBER, K. (1998) Naturwissenschaft und Religion. Die Versöhnung von Wissen und Weisheit. Frankfurt/M.: Krüger. – Orig.: The marriage of sense and soul. New York: Random House

Gerhard Fatzer (Hrsg.)

SUPERVISION UND BERATUNG

Ein Handbuch

442 Seiten · ISBN 978-3-926176-27-1

Dieses Handbuch führt systematisch und umfassend in das bestehende Wissen zu Supervision und Organisationsberatung ein. Die Beiträge wichtiger Repräsentantinnen und Repräsentanten verschiedener Ansätze aus Deutschland, der Schweiz, den USA und Kanada stellen Grundlagen, innovative Weiterentwicklungen und Methoden vor. Es richtet sich an alle professionellen Anwender im industriellen oder psychosozialen Bereich, die mit Einzelpersonen, Führungskräften, Gruppen, Teams, Projekten und Systemen oder Organisationen beraterisch arbeiten und sich die notwendigen historischen, anthropologischen, psychodynamischen, systemischen und methodischen Grundlagen aneignen wollen, ob sie nun in Ausbildung oder in langjähriger Praxis stehen.

»Der erfolgreichste deutschsprachige Titel zur Supervision!«

Die Autoren: Irving Borwick, Claus D. Eck, Gerhard Fatzer, Hermann W. Gnädinger, Sherman W. Grinell, Peter Hinnen, Wolfgang Looss, Lothar W. Nellessen, Hartmut Raguse, Jörg W. Roth, Sonja Sackmann, Edgar H. Schein, Wolfgang Weigand, Doris Zeller

»Der Herausgeber bietet einen Text, der allen im Beratungsbereich Tätigen den neuesten Stand der Diskussion und Themendarstellung liefert.«
(Manager Seminare)

»Es beeindruckt dieser Versuch, Supervision theoretisch und praktisch auf den Begriff zu bringen. Dafür war es höchste Zeit.« (DGSv aktuell)

Gerhard Fatzer, Hans-Hermann Jansen

DIE GRUPPE ALS METHODE

Gruppen als Elemente nachhaltiger Organisationen

281 Seiten, Abb., Tabellen, Hardcover · ISBN 978-3-89797-054-0

Eine methodische Grundlage für das Beraterhandwerk. Gruppendynamische Verfahren gehören zum allgemeinen Standard psychologischer und pädagogischer Interventionsbereiche. Hier werden konkurrierende Methoden kritisch dargestellt. Was bewirkt Gruppendynamik? Wie können Veränderungen erfasst und dargestellt werden? Bleiben sie auch im Alltag wirksam?

Die aktuellen Themen Nachhaltigkeit und methodisch fundierte Praxis werden hier für das Veränderungsmanagement zugänglich gemacht.

»Grundlagenbuch zur Rolle von Gruppen in Organisationen«
(ManagerMagazin)

»Eine breite und aktuelle Darstellung von Gruppendynamik und Gruppentherapie und ihrer Rolle in der Entwicklung nachhaltiger Organisationen«
(Gruppendynamik)

»A basic text to classic interventions and approaches of organization development«
(Edgar H. Schein)

Arndt Ahlers-Niemann, Edeltrud Freitag-Becker (Hrsg.)

NETZWERKE – BEGEGNUNGEN AUF ZEIT

Zwischen Uns und Ich

208 Seiten, Hardcover · ISBN 978-3-89797-073-1

– Dieses Buch ist auch als E-Book erhältlich (pdf-ISBN 978-3-89797-487-6 / epub-ISBN 978-3-89797-486-9) –

Netzwerke sind nicht neu, doch seitdem es eine stete Zunahme von Komplexitäten gibt und die Verlässlichkeit von Bindungen in den Organisationen brüchig geworden ist, wächst ihr Bedeutungsgehalt. Die Autorinnen und Autoren vernetzen sich in ihrer jeweiligen Arbeit mit unterschiedlichen Systemen und bieten einen individuellen Blick auf das Thema an. Eine Einladung an den Leser sind die angebotenen ›Lesebrillen‹: verweilen, sich mit einem Gedanken verknüpfen, einen nächsten Faden kritisch überprüfen, weitere Impulse mit persönlichen Facetten anreichern. Beispiele aus unterschiedlichen Netzwerken verdeutlichen die organisationale Praxis.

»Nie zuvor wurde die Netzwerkthematik so facettenreich aufgeblättert!«

(Heidi Möller, Lehrstuhl Theorie und Methodik der Beratung, Universität Kassel)

»Das vorliegende Buch weckt nachhaltiges Interesse und stiftet Nachdenklichkeit; was könnte den Leser/innen Besseres passieren?«

(Jörg Fellermann, Deutsche Gesellschaft für Supervision e.V., DGSv)

»Wer sich als BeraterIn dazu orientieren möchte, bekommt hier Anregung aus den unterschiedlichsten Perspektiven und Zugängen, die sich letztendlich zu einem eigenen Bild zusammenfügen vernetzen.«

(Wolfgang Knopf, President of ANSE - Association of National Organizations for Supervision in Europe)

Jörg Heidig, Kim Kleinert, Thorsten Dralle, Marianne Vogt

PROZESSPSYCHOLOGIE

Wie Prozesse, menschliche Faktoren und Wissen im Unternehmensgeschehen zusammenwirken

152 Seiten, zahlr. Abb., Hardcover · ISBN 978-3-89797-076-2

– Dieses Buch ist auch als E-Book erhältlich (pdf-ISBN 978-3-89797-557-6 / epub-ISBN 978-3-89797-556-9) –

Prozesse brauchen Psychologie. Die Gründe für komplexe Veränderungen in Ihrem Unternehmen können unterschiedlichste Ursachen haben:

- Unternehmensnachfolge und Generationswechsel
- Zusammenführung von Unternehmensbereichen
- Fusion mehrerer Gesellschaften
- Einführung und Optimierung von IT-Systemen

Wir haben für diese Situationen einen Ansatz entwickelt, mit dem wir Sie in dieser entscheidenden Phase als Partner begleiten. Prozesspsychologie kombiniert die Expertensichtweisen Prozess, Kommunikation und Wissen unter Berücksichtigung wichtiger psychodynamischer Methoden. Wir beachten von Beginn an die menschlichen Motive als wichtigsten Treiber menschlicher Handlungen und schaffen eine neue gemeinsame Identität für Ihre spezifische Situation.

»Den Autoren gelingt nicht nur die theoretische Verknüpfung ihrer Hauptperspektiven zur Begleitung von Veränderungsprozessen, sie erläutern zusätzlich sehr ausführlich den durchgängig prozessualen Charakter von Beratungsprojekten, zeigen anhand von zahlreichen Praxisbeispielen auf, welche Faktoren zum Misslingen entsprechender Beratungsprojekte beitragen und schlagen schließlich Mittel und Wege vor, wie durch die Beachtung u. a. des ›Irrationalen‹ Beratungsprojekte erfolgreicher gestaltet werden können.«

(Professor Dr. Herbert Bock)

Edgar H. Schein

PROZESSBERATUNG FÜR DIE ORGANISATION DER ZUKUNFT

Der Aufbau einer helfenden Beziehung

311 Seiten; Hardcover · ISBN 978-3-89797-010-6

– Dieses Buch ist auch als E-Book erhältlich (pdf-ISBN 978-3-89797-529-3 / epub-ISBN 978-3-89797-528-6) –

»Diese Buch verlangt mir größten Respekt ab: Einer wie Edgar H. Schein, Gefährte von Kurt Lewin und Wegbereiter der Organisationskultur, ist sich nicht zu schade, über das Handwerkliche in der OE zu schreiben.«

(BSO-Bulletin)

Ed Schein, Mitbegründer der Organisationsentwicklung, hat die Prozessberatung fit gemacht für das 21. Jahrhundert. Das vorliegende Buch ist schon jetzt ein Klassiker der Organisationsliteratur. Nach über 40 Jahre internationaler Erfahrung als Berater mit großen Unternehmen und allen Arten von Klienten und Kundenorganisationen gelingt es Schein, die wichtigsten Grundlagen der Organisationspsychologie in einer verblüffend einfachen Sprache darzustellen und kunstvoll ihren Gegenstand in seiner ganzen Komplexität zu erfassen.

»Ein Standardwerk zur helfenden Beziehung in Coaching, Führung, Teamentwicklung und OE, mit zahlreichen illustrativen Übungen aus der Praxis; für Führungsverantwortliche und Manager und alle Berater, Psychotherapeuten und Ärzte, Coaches und Wissenschaftler, die mit Veränderung und neuen Organisationsformen zu tun haben.«

»Jeder Berater, gerade heute in Zeiten der Fokussierung auf die Umsetzung der Maßnahmen, sollte das gelesen haben.« (OrganisationsEntwicklung)

Christof Schneck

MANAGEMENT-COACHING X.0

Initial einer erfolgreichen Unternehmensevolution

320 Seiten, zahlr. Abb. u. Tab., Hardcover · ISBN 978-3-89797-080-9
– Dieses Buch ist auch als E-Book erhältlich (pdf-ISBN 978-3-89797-571-2 / epub-ISBN 978-3-89797-570-5) –

Zunehmend sind narzisstische Verhaltensweisen im Management und in der Politik weit verbreitet. Müssen Führungskräfte auf die Couch?

Bei den krisenhaften Entwicklungen der Gegenwart – nicht nur im Management – ist es nicht verwunderlich, dass vermehrt Forderungen laut werden, dass Verantwortung tragende Manager ihre Verhaltensweisen und Entscheidungen reflektieren müssen.

Das vorliegende Buch zeigt auf, welche narzisstischen Phänomene in einem Management-Coaching Berücksichtigung finden sollten und wie diese Berücksichtigung gestaltet werden kann.

Es wird deutlich, dass narzisstische Phänomene auf der individuellen, der interaktionellen, der organisationalen und der gesellschaftlichen Ebene auftreten und sich diese Phänomene auf den verschiedenen Ebenen gegenseitig bedingen und beeinflussen.

»Solche soliden Bücher kann man sich als Angehöriger der beraterischen ›professional community‹ nur wünschen: Mit durchgearbeitetem Sachverstand, vorurteilsfreiem Blick, klarem Denken und didaktischem Geschick räumt der Autor mit Vorurteilen auf und schafft orientierende Übersicht. Wer beraterisch mit dem nicht eben einfachen Klientel arbeitet, findet hier konzeptionelle Substanz nebst viel relevanter Information. Und das ist genau das, was wir brauchen.« (Wolfgang Looss, Looss Consult, Darmstadt/Berlin)

Barbara Heimannsberg, Herbert Namokel, Heike Fischer

NON-PROFIT-ORGANISATIONEN IN DIE ZUKUNFT ENTWICKELN

Bürgersinn und sozialer Gewinn: Kein Profit ohne Non-Profit

208 Seiten, Hardcover · ISBN 978-3-89797-071-7

– Dieses Buch ist auch als E-Book erhältlich (pdf-ISBN 978-3-89797-583-5 / epub-ISBN 978-3-89797-582-8) –

Dieses Buch unterstützt NPO und die öffentliche Verwaltung auf dem Weg dieser Veränderungen. Besonders wenden sich die Autoren mit ihren grundsätzlichen Betrachtungen, Perspektiven und Fallbeispielen an die Verantwortlichen aller Ebenen in diesen Organisationen, aber auch an die Politiker und die Mitglieder der aktiven Bürgergesellschaft.

Der Leser findet in diesem Buch Perspektiven, konkrete Methoden und anschauliche Anwendungsbeispiele für eine integrative Neuausrichtung der Organisationsentwicklung im Nonprofit-Sektor.

»Eine hervorragende historische Herleitung heutiger NGO in Deutschland, verbunden mit sehr plastischen Beispielen dafür, was es heißt, in NGO erfolgreiche Entwicklungen zu bewirken.«

(Andreas Reisner, Systeam-Beratung)

»Endlich eine Publikation, die die wirtschaftliche und gesellschaftliche Bedeutung der NPOs und Wege ihrer weiteren Entwicklung aufzeigt. Hier wird Theorie und Praxis anhand konkreter Beispiele vereinigt. So wird dieses Buch zum wertvollen Arbeitsmittel für Leistungsträger in NPO: passgenaue ›Bauanleitungen‹, Erfahrungsberichte, Praxisbeispiele.« (Walter Simon)

»Das Buch kommt sehr kompetent auf den Punkt und überzeugt durch konkrete, ausführlich beschriebene business-cases aus der Praxis. Es überzeugt nicht nur fachlich-methodisch, sondern regt auch zum Nachdenken an über die Bedeutung der NPO in wirtschaftlicher und gesellschaftlicher Sicht! Das Buch hat mir einige Impulse gegeben!« (Dr. Dieter Hohl, Impuls! Training)